星際傳訊 STU11102

外星生活大傳奇

廖日昇◎著

美國科學家在澤塔星的所見所聞

一九七八年返回地球的科學家整理出一份三千頁的文檔，也從賽波帶回三千張的照片，目前僅有同時出現兩個太陽的「日落」照片露出，據說仍有許多超乎想像的科技與能量生成的原理正默默蓄勢待發中……

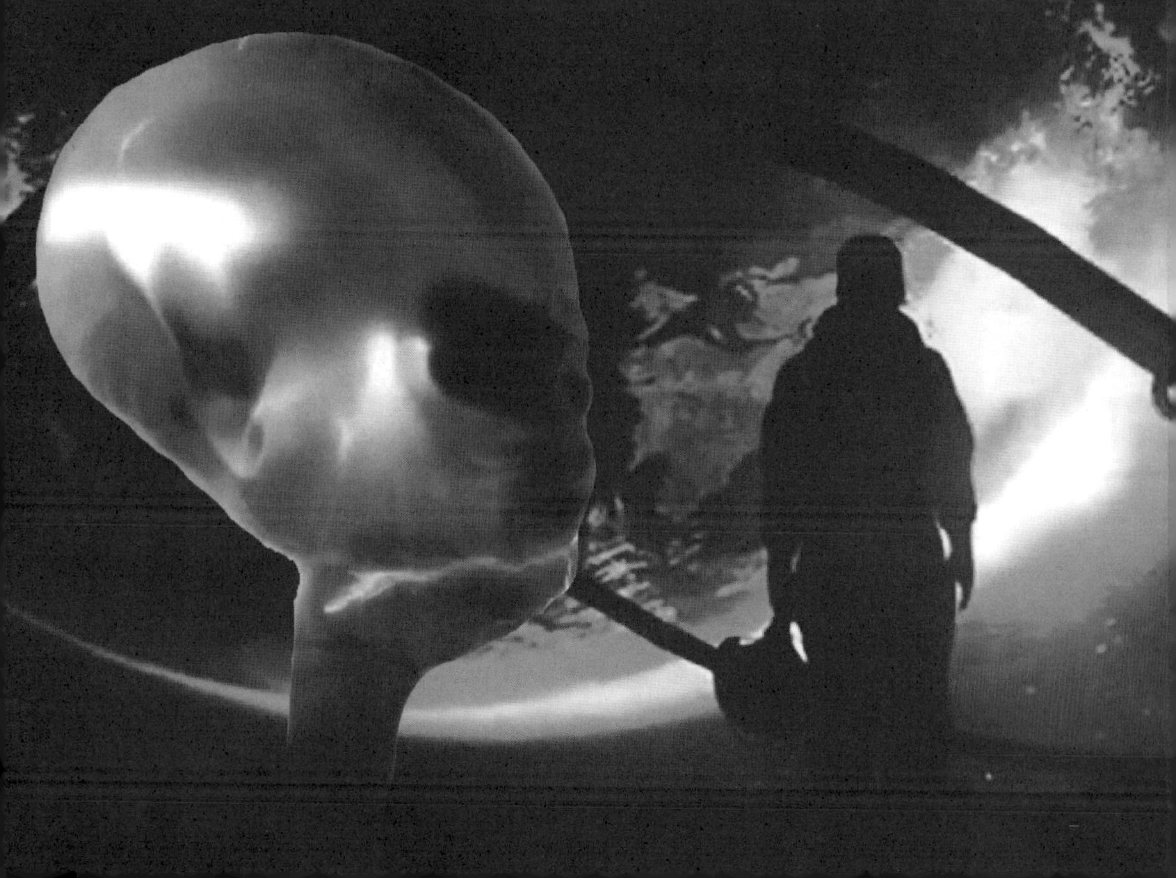

目次

灰人深度涉及人類與灰人混種（hybrids）的開發，這是一種介於金髮人與克隆人之間的中間狀態人種。他們在一九五四年與艾森豪威爾政府達成協議，獲得了綁架平民與擴大生物遺傳實驗的許可；科學家透過雙方合作，習得了克隆技術。至於混種人，在其第四代或第五代的雜交之後，他們與人類已經非常相似，且具有外星人非凡的心智能力，他們可以參與凝視程序與思惟掃瞄，幾乎可以完全控制被綁架者，也可以與人類一起繁殖。

第四章 躁動不安的銀河系：人類最大的敵人

一九五四年下半年艾森豪威爾政府與外星人達成的協議，同意後者能在有限度和定期的基礎上綁架人類和牲畜，以進行醫學目的的研究，而美國則從外星人處獲得包括反重力在內的技術。來自昴宿星團的高大白有金色髮（但也有鉑金頭髮），身材較矮；而來自獵戶座的北歐人則有一頭紅髮。高大白有相當高科技，而北歐人則有強大的精神能力，他們可以透過思想開啟維度門戶。

推薦序一　打開宇宙新窗的一本奧義書

如果讀者抱著好奇心來讀這本書，會失望，會看不懂，因為這一本外星科技書，非常深奧，很多內容超越當今科技認知，我相信很多理工專業人士或科學家也看不懂。

但如果對外星人議題已有多年興趣與心得的人，會覺得這是一本很精彩的書，不僅開啟了一扇宇宙科技新認知，而且能夠體會外星科技的超前奧妙。

很多人會認為外星人的存在根本未得到科學證實，不能全信，還是要抱著存疑的態度。這看起來似乎很有科學立論，事實上是完全不懂科學的定義與科學精神。

請大家想想：科學沒有證明地心引力之前、沒有證明地球磁場之前、沒有證明細菌的存在之前、沒有證明雷電之前、沒有證明原子之前……，難道地心引力、地球磁場、細菌、雷電、原子就通通不存在嗎？

這些現象隨著地球存在就存在了，根本不需要地球人為它們證明！地球人所謂的科學進步，說穿了只不過是不斷發現已經存在的事實而已。

所以外星人的存在也是不用地球人為他們證明的，任何人必須要用開放的心態來研討外星人的議題。這讓我回想起民國六十四年，我開始翻譯出版一大堆飛碟外星人書籍，被當時幾位大學教授扣上偽科學、不科學、科學野狐禪、怪力亂神、現代神話。我寫了一篇文章，呼籲他們把頭探出學術象牙塔，最後一句我寫「時間會證明我是對的。」

到了現在，誰對誰錯，不是很清楚了嗎？所以，台灣人不要當井底之蛙，以為井口的天空就是整個宇宙。等你跳出井口，就知道自己多麼無知了。

看到這本書，第一個讓我很高興的是第三章提到一九六四年霍洛曼空軍基地，因為民國六十四年我翻譯出版第一本不明飛行物書裡，也談到這個事件，只是當時資料比較少，這本書又提到，可見當年確實有這個事件。

第二個讓我很高興的是書中談到耶穌，有可能是一個經過基因工程設計的人類與外星人的混合體，這又與我於民國七十二年用宇宙科學角度研究聖經的心得完全相同，當時我就堅信上帝耶和華是外星太空船指揮官，天使就是太空船上的外星人，而耶穌是他們用基因科技做出來的星際混血兒，整部聖經描述的就是地球人與外星人互動。我的這個觀點也在本書有相同的論述。

第三個讓我很高興的是第五章談到現代人類起源理論，想起民國六十七年發表「為何要相信進化論」，八十三年發表「人類的來處」，早就提過人類與外太空的關係，我一向深信進化論、人類學、考古學、神話學、史前歷史、宗教起源等教科書所寫的內容全然不對，這些年來太多的外星訊息書籍的出版，確實要翻轉教科書了。

總而言之，這本書是詳實的外星科技資料，相當深奧，不管看得懂或看不懂，都希望能為讀者們打開宇宙新窗，借此培養自己多元、多維、鳥瞰的思維模式，方能悠遊於未來「元宇宙Metaverse」的新潮中。

台灣飛碟學會創會理事長 呂應鐘

推薦序二　捕風捉影的幽浮與外星生物探秘

題辭：

"Man is a credulous animal, and must believe something, in the absence of good grounds for belief, he will be satisfied with bad ones."

～羅素（Bertrand Russell, 1872-1970）～

「千里之行，始於足下。」（《老子》：六十四章），宗教是孕育人類文明的母胎，從而分出哲學，再分出科學。自從人類歷史上最偉大的發明——文字出現之後，經數千年殫精竭慮的淬鍊，鑄造出一套自以為紮實的價值體系，上自宇宙觀（自然觀），下至國際觀（世界觀），以及人生觀和人死觀。

每思及人類是否為宇宙中唯一的存在而心神不寧，正確的答案是咱們並不孤獨，地外文明一直介入地球上歷史的遞演。文明的發展似乎並非是漸進式，而是跳躍式，歷史進化論與歷史退化論並行。真理和悖論既對立亦相容，圓融無礙的智慧必為來自歷盡滄桑的結晶。

宇宙的遼闊實已超出咱們的想像，非主流的「異端邪說」，有時會蛻變成顛撲不破的真理。歷史充滿荒謬性（absurdity），昨是今非與昨非今是乃一物的兩面，政客最擅長操作。幽浮學（ufology）將成為二十一世紀的顯學，已開發國家跟彼等暗通款曲，移植高科技的產品，以稱霸地球，其中以美國的嫌疑最大，次為納粹德國。

在電視上的談話性節目中，以幽浮和外星人作為話題者，最吸引觀眾的眼球，並帶來高收視率。也許是朝九晚五的刻板生活異常乏味，需要一些精神上的刺激來調劑。普羅大眾既無思辨能力，亦無深入研究的學術根底，只是右耳進，左耳出而已。唯有不同領域的學者「撈過界」，業餘投入不求名利的研究，猶如群醫會診，交叉比對，以尋找客觀事實的真相。

「小心駛得萬年船」，本書論及最火紅亦最敏感的主題，在某些所謂「民主」國家（譬如美國），可能會被「影子政府」（shadow government）用安排車禍的卑劣手段做掉，以符合官方勾結外星生物的既得利益。

幽浮與外星生物各有一百餘種，除來自地外文明以外，有些是在遠古時代已棲息在地球上的高科技直立狀生物，最奇特者，是來自未來世界，穿越時光隧道抵達古代（即現代）者。曾警告人類，全球暖化的現象將提前發生，但言者諄諄，聽者藐藐，只有死到臨頭才會覺悟。君不見，目前夏季越來越長，冬季越來越短，家庭的電費開銷暴增，但仍有反科學的政客（如美國的川普），認為是假訊息。

時間旅行無法改變既定的歷史，否則，幹掉童年時期的仇人，現在的仇人是否會消失？時間具有不可逆性，歷史不可能經常被改寫，只是詮釋不同而已。

汪少倫擲地有聲的大作《多重宇宙與人生》，可當作台灣研究幽浮學與靈學的聖經，在資訊封閉的威權時期，慶幸未被當局視為影響反共大業的怪力亂神的作品。人類活在四個維度（長、寬、高、時間）之中，而多重宇宙是由九個空間和一個時間組成的十個維度，至於對靈界結構的認知，人們尚停留在幼兒園階段。各大宗教的神學理論殊途殊歸，讓人無所適從，如：佈道大會、做法會、燒冥紙、繁文縟節的祭祀儀式是否確實有效？

心靈戰爭（psychic war）的功效，能從洗腦（brain washing）到殺人於無形，超越冷兵器與熱兵器的有形戰爭，可改變心態及價值觀。在篤信唯物論（materialism）及無神論（atheism, antitheism）的共產國家（如前蘇聯及中國大陸），早已秘密研發，科幻小說的情節可能成真。

各大宗教的創教者，是否為外星人或外星人投胎在地球者？戮力宣揚該星球的道德及救贖規範。鑽研神學思想，很難參透生死的奧秘，進而超越對死亡的恐懼。輓近宗教學和生死學均可在高等學府成立系所，但觀其課程內容多停留在道德教條主義（dogmatism）的範疇，實證性甚為不足。是否應藉通靈者調查在天堂及地獄裡的歷史名人，以檢驗在世時的所作所為，得到真正的蓋棺論定。

時下解讀「驚為天人」應指邂逅外星人，大概驚嚇指數破表，「天人合一」應該是跟外星人私奔，創造這些成語的老祖宗，可能真的有第三類接觸。伴侶（含異性及同性）有時會異化成最親密的陌生人，對其內心世界深不可測，故「因誤會而結合，因了解而分開」，史不絕書，好像已變成數學公式。

同理，對地外文明的一切幾乎無從著墨。猶記小學時期曾背誦生命三大要素——陽光、空氣、水。今日觀之，只要有水，就可能有生命（有機體）的存在，而陽光和空氣並非必要的條件。此外，生物（無機體）不論是生化人或機器人，根本不需要這三項要素。

政府常是假新聞及偽證的製造中心，只要符合統治階級和政黨的利益，則一切的作為均可合理化。譬如臉書和維基百科，均被猶太人掌控，有空不妨搜尋有無讚美希特勒、宣揚納粹主義（Nazism）與反猶主義（anti-Semitism）的資訊。

「德國人並未屠殺猶太人，此乃虛構的史實。南京大屠殺（死亡至少三十萬人），並非大日本帝國皇軍的作為，而是國民政府自己下手。」距離二戰不到一個世紀，吾人深知前述總總皆屬荒謬的謊言，但曠日持久，可能會成為真實的歷史，可知「信史」的重要性——「要留清白在人間」（明．于謙〈石灰吟〉）。

在百慕達三角失蹤的飛機和船艦的無線電通訊中，多提到綠色的霧，無獨有偶，本書陳述穿越時空的奇特經驗中，亦出現綠色的霧，不知其成份和作用為何？

如果對這個時代不滿，可以暫時離開，等到「人間天堂」降臨再返回。但這種具有浪漫情懷的樂觀心態，終將不敵殘酷的現實，諸如：語言可能不通，親朋好友多已離世，晚輩變成長輩，倫常關係混亂，社會變遷甚速，大概會適應不良。

假如回到未來，目睹自己將來的模樣，不知能否承受？假設世界終將走向毀滅，那目前的打拼有何實質的意義？

地球上神秘指數第一的地方，並非土耳其的戈貝克力石陣、英國的巨石陣、埃及的金字塔群、智利的復活節島。而是美國西部，位在內華達州的51區，該空軍基地隱藏天大的秘密，為避免引起人心的恐慌起見，必須予以鎖碼。

江湖上盛傳由於51區的曝光率太高，美國已秘密建設52區，卻不知位在何處？偵察衛星對地表上的活動瞭如指掌，堪稱「無所逃於天地之間」。

幽浮的飛行超越光速，打臉愛因斯坦的理論。時空旅行、穀物圈（俗稱麥田圈或麥田怪圈）、反物質、蟲洞、星際大門、神祕生物、延壽之道，甚至耶穌是人還是神？皆對幽浮迷有致命的吸引力。

納粹德國是歷史上最奇特的政權，雖然僅歷時十二年（1933-1945）就壽終正寢，但其影響力至今仍存。除新納粹（Neo-Nazi）崛起，彼等高科技的研發令人驚豔，何以並未贏得二戰，主因在政略——戰略——戰術出現偏差。德軍之中有許多外籍兵團，即使是要調查祖宗八代、禁止有猶太血統的黨衛隊亦有老外，各路英雄好漢認同種族優越論，為「淨化地球」而戰。傳聞，希特勒可能有八分之一猶太人血統。

老天真的有眼，陰謀論浮現，因美國的醫療費用驚人，想藉病毒淘汰中低收入戶，甚至所謂有色人種。社會達爾文主義（social Darwinism）重出江湖，美其名曰「替天行道」。

二戰後期，西歐的盟軍和東歐的俄軍均在搶奪德國的科研人才，而研發幽浮的文件和實物，多落在美軍手中。納粹高階軍官透過教廷的秘密管道，逃亡至南美洲的阿根廷、巴西、智利和巴拉圭，部分被美軍掩護前往美國。美、俄兩國的航太發展，真正的推手實為德國人。

希特勒並非死在柏林，而是逃到南極大陸的基地，準備東山再起，建立第四帝國。美國接受德國的研究成果，「站在巨人的肩膀上看得更遠」。

最匪夷所思者，是美國的中央情報局竟然跟納粹分子合作，研發 AIDS 病毒，以消滅不良分子。當下 COVID-19 病毒肆虐，誠如川普常掛在嘴邊的口頭禪“American First”，目前染疫者已占全美人口六分之一弱，超過五千萬人，而病故人數已突破八十萬人。

人們對美國國家形象的印象，多來自好萊塢製造的美國神話。山姆大叔扮演維護正義的世界警察角色，甚至是上帝的化身。希望會有吹哨者出來爆料，抖出老美在世界各地胡作非為的惡劣行徑。

人打拼一生，所能留下的痕跡畢竟有限，但群體同心協力可以完成震撼人心的創作，譬如古埃及的金字塔建築群，睥睨世間近五千年，後人連仿製都很困難。

地球中空論宣稱地球中心也有一顆恆星。某些外星生物亦透露彼等的星球上空也有兩顆恆星（雙星），與太陽共振。

跟愛迪生有瑜亮情結，並被愛迪生打壓的奇才特斯拉，經常與外星人打交道。倪匡一生所撰寫的科幻小說，竟高達六千餘萬字，甚至一天可寫一本，來自靈界的高等靈指導其不可思議的創作速度，既屬空前，也可能絕後。李敖所發表的作品亦超過一千餘萬字，卻未聞跟外星人或靈界有任何瓜葛。

外星生物似乎只有一百零一種表情，好像喜怒哀樂不形於色，恐怕是大量製造的合成品。中國神話中的「撒豆成兵」，可能是遠古時代尖端科技的產物。

若持開放性的心靈，面對驚世駭俗的怪異現象，自然會「莊敬自強，處變不驚」。當學習老貓的精神，睜一隻眼，閉一隻眼——見怪不怪。

科幻電影描繪外星生物的外型，實在是極盡醜化之能事。唯有類似北歐人種者，才擁有高顏值。納粹黨視日耳曼民族中的北歐人（Nordic, Northman, Norman），是地球上最優秀的民族，理應成為統治民族（Herrenvolk）。男性稱 'blond'，女性稱 'blonde'，金髮、碧眼、長頭、皮膚白裡透紅、體型壯碩。希特勒所飼養的狼犬取名 'blond'，在自殺之前將牠毒斃。

獸首（爬蟲、昆蟲）人身的外星生物，有時會跟人類不期而遇。古埃及許多神明皆是半人半獸。而人類「文明的搖籃」——西亞地區，不僅神明，連動物都有翅膀，擁有飛行能力。天下第一奇書——《山海經》中，有許多外型奇特的生物，可惜數量較少，出土的化石有限。上古時代以文物的出現，劃分為石器時代、銅器時代和鐵器時代，似乎已成定論。但「另類」考古學者強烈質疑，在石器時代之前，應該有木器時代，惜容易腐朽，證據不足。

從各種不尋常的幽浮現象觀之，星際大戰的噩（美）夢恐成真。「一樣米養百樣人」，外星生物即使是生化人或機器人，似乎已進化出具有獨立思考的能力。正邪乃一線之間，將地球當作殖民地或溫室，大舉入侵，奴役人類，或許在最近的將來會發生，「起來，不願做奴隸的人們」的歌聲將響徹雲霄。

中國文化大學史學系兼任副教授　周健

推薦序三　外星人來了，而且來的時間很早很早！

人類文明演化，他們從來沒有缺席過，只是審慎衡量何時該出手，何時不該出手？就像我們觀察非洲大草原上，生息繁衍的野生動物一樣。

外面流傳的幽浮目擊很多都是真的；羅斯威爾飛碟墜毀事件確有其事；各國政府曾和外星人簽訂秘密協定；幾任美國總統都曾見過外星人；外星人確實曾經扣留人類到飛碟上做試驗；人類保有部分外星科技；外星人在太陽、地球、月球上都有基地；外星人封鎖地球上的核武發射設備；人類和外星人在基因上擁有血緣關係；亞當、夏娃、耶穌、佛陀……這些我們熟知的傳說人物，實際上都是外星人；連你我街上擦身而過的，都很有可能也是；甚至正在閱讀此書的你，都具有外星靈魂身份。

二〇二二年此刻，地球文明正面迎來的不只是電動車、區塊鏈、元宇宙，還有像是恆星爆炸般的全面意識覺醒，接著整個舊系統將自動瓦解、建立起基於無條件之愛的全新系統。未來，在我們有生之年很有可能，我們將和外星人面對面公開接觸，只要我們願意……放下恐懼，了解其中的美意。

以上這些訊息，用「天下之大，無奇不有」已經不足以形容，人外有人、天外有天本就是事實，我們人類終於從洞穴茹毛飲血、農業、工商、電腦時代、地球村，一路走到了星際時代。非常樂見中文書籍，有越來越多這方面訊息的揭露，在此也推薦作者的另一本著作——外星人傳奇（首部）：不明飛行物逆向工程，讓我們一起參與並見證星際時代的開啟！

劉德輔　臉書純粹巴夏社團創版人、臉書荷光者——愛和平社團管理員、永續設計師、台中花博四口之家永續家園策展人、台灣永續家園協會理事長

懷念

弟弟已去世多年，我這一生與他相處的時間不算長，且自一九八三年我離開台灣之後就難得與他再有見面機會，如今來寫懷念他的文章，特別有一番感觸與心酸。

我與弟弟，廖興昇，名字只差一字，年齡差二載，且是同父同母，按說兩人各方面應有一些相似性，但事實不然。他身材較高我較矮。年輕時他善言辭，也較幽默，因而較有女人緣，身邊常是女友不斷；我則較靦腆，也較無幽默感，因此常為找不到合適女友而發愁。弟弟的感情較豐富，邏輯性則較弱，遇到不順遂，有時會有不理性的反應。他對親人有情感，也懂得用言詞表達感情，這點與我不同，我雖對親人也有同樣的感情，但不善言詞，故常讓人覺得我這人有點冷。

我對弟弟最早的記憶可能是他二～三歲，而我四～五歲之際，當時推測我母親（我小時稱她「阿母」）也只二十三歲左右，或至多不超過二十四歲。記得在連續數日大雨之後的某天早上，該日天氣放晴，街道上的積水已消退，鄰居的一群小孩玩伴悶在家中多日，見太陽露臉，街道又見熱鬧，早已按奈不住，結黨而出玩紙船。我當時也帶著弟弟到鄰近積水的壕洞（做為防空洞用）看紙船遊戲。

所謂的「玩紙船」，是我幼時常玩的遊戲，一般是將一張 A4 大小的紙片折疊成紙船狀，然後將它放在臉盆或水坑上，吹口氣助它行駛，小孩彼此互相比拼，看誰的船行速度最快，或最慢下沉。當時我與弟弟都還幼小，並不會折紙船，只能站在水窪旁看別人玩紙船。

此時一些較大的孩子正站在壕洞旁七嘴八舌，指點著各自的紙船，我與弟弟聚精會神地望著水面。忽然，弟弟腳下的土堤崩解，他一頭栽入水窪裡。只見他一顆頭在水面載浮載沉，水面上只露出一撮頭髮，周圍小孩皆吃驚大喊，我頓時慌了手腳，不敢下水去拉弟弟，而從土堤旁也抓不到其頭髮，只得快步跑回家通知大人（壕洞距家僅約四間房子之遠）。

「阿將」（我對「父親」的稱呼）聞訊，急忙跑到壕洞旁將弟弟救起，回家後阿母脫下他全身溼透的衣服後，將瑟瑟發抖的弟弟身體浸泡在一盛滿熱水的木質浴桶內。我猶記得上身穿一件藍色短袖上衣及下身穿裙子的阿母蹲在木桶旁，忙碌地幫嚎啕大哭的弟弟擦洗全身的神情。她一面洗，一面出言安撫弟弟驚懼的情緒。

阿母在我印象中似乎很模糊，但有些事情的細節仔細回想起來卻又印象鮮明，這真是一個矛盾的感覺，造成這種奇異感覺的原因與她在我念小一之前即斷斷續續離家，在外打工幫家計有關。為此我小時常做夢，出現阿母回來了，又忽然不見的場景。她曾到外祖父的布行幫工，又曾在省公路局任過車掌小姐，後來不知何故，在我念小六時她與阿將離婚了，從此她就沒有回到家裡，而弟弟與我的生活則由祖母負責照顧。（最近我從台灣得知，阿母已於去年十月過世，享壽九十三歲。）

弟弟與我年齡相近，我倆常結伴走路上學，雖然如此但我對他的小學印象卻非常模糊。唯一較深刻的事情是我念小五（或小六？）之際與弟弟走路回家時發生口角，他往前跑，我順手撿起路旁一塊小石子朝他丟去。不幸，不偏不倚地石頭剛好擊中弟弟的頭，他一面哭一面跑回家。祖母見狀，嘴上罵著，手上擰著一根竹子，準備教訓不肖孫子。為了此事我心中一直愧疚不已，直到如今每當想起這件事，還是心痛，痛自己何以如此不懂事，又恨自己的一隻手為何如此賤，丟得出那顆石子。

時光荏苒，小學驪歌初唱後我進入省立虎尾初中就讀，每日搭車上學，晨出晚歸，初二時阿將離開地政事務所的工作，到台中經營果園兼養雞。為了上下學方便，我與弟弟只得到虎尾郊區務農的二姑家中暫住。

二姑廖碧綢身材瘦小，教育程度不高，但她卻是我這一生少見的內德外才兼具的台灣傳統婦女。她的丈夫（即我的二姑丈）是一位小學教師，平日嗜賭，且少理家中農事，發薪之日他有時無法交出薪水，原因是預還賭債了，這對二姑是一不小的壓力，因她有五個子女，個個年齡都在我的上下，每到開學之際，三位表兄弟的註冊費就是一筆大開銷。

二姑一人對外操持農事（經營二甲多田地），對內又要照顧一家人的生活起居，本已備極辛勞，此情景下她尚能容得下我兄弟倆住於她家，吃飯、穿衣皆由她打理，時間長達一年半，此恩德我常思有以報答，但遺憾的是，二姑早於數十年前仙去，我唯有藉此書一角，略修文字，章顯其德，或可稍疏我負疚之心。

話說，住到二姑家中不久之後，弟弟隨我之後也進了虎尾初中就讀。每天，我倆與表兄弟一起迎著晨曦騎著鐵馬上學，放學時也往往一起作伴返家。晚上我與弟弟睡於客廳旁一獨立房間。直到我初中畢業的這段時光，由於我與弟弟倆皆同時寄人籬下，不知不覺間建立了患難與共的情懷。

不久，我上了高中，赴台中一中就讀，而阿將也結束了其果園事業，重回公職生涯，弟弟則於此時轉學到三姑丈任校長的省立西螺農工就讀。於是我與弟弟告別了二姑一家，搬到莿桐的斗六農校宿舍。平時我都住於台中，僅於寒暑假才返家，因此與弟弟碰面的機會不多。

弟弟為何好端端地從虎尾初中（當時是雲林縣最好的初中）轉學到西螺農工？我當時以為他功課欠佳，其實不然。他初一的功課雖然不是很好，可也沒有很差，可能的合理解釋是，阿將為了集中資源讓我赴外地讀書，只得犧牲弟弟。

弟弟就讀西螺農工，由於三姑丈任校長之故，他的學雜費全免，而平時則從自家騎鐵馬上學，如此省下的開銷得以讓我到台中就讀高中。阿將並未告訴我這點他的安排，但弟弟確實因我而失去了讀普通中學的機會，就此而論，我欠弟弟良多。

寒暑假在家的日子不長，我對弟弟該段居家生活的印象模糊，僅記得他無事時候常手持一管洞簫，到屋後莿桐溪岸邊獨自吹簫。特別是夜深人靜之際，從屋後不遠處傳來的陣陣悠悽聲音，似乎在訴說著弟弟心中的苦楚或不平。

高中的日子短促，轉眼即逝。很快地，我進入台南成功大學，而弟弟則上了軍校，這時我與他的見面機會更少了，即使是寒暑假返家也只偶然照個面，他匆忙又返校了。數年之後弟弟畢了業成為一名職業軍官，而我在當了一年預備軍官後回母校任助教，從此碰面機會更少。

一九八三年我離開台灣赴美國，從此直至二〇〇七年都未曾見過弟弟一面，其間阿將於一九八五年病逝，享年五十九歲，因我未返台見父最後一面，造成了弟弟與我之間的誤解。事情起因自一九八五年父親患白血病，瀕臨死亡，弟弟來信催我回去見父一面，但我因拿著研究助理獎學金在威斯康新大學博士班就讀，且當時正面臨著期中考，無法返台，如此形成了誤解，而未見父親最後一面是我一生的痛，如今思起，仍然不免惆悵。

二〇〇七年因女兒結婚，我短暫返台，匆匆與弟弟一家見面。初見弟弟（此時他早已離開軍職）見他神情依舊，話音如昔。吃飯間聽弟媳（也是弟弟過去的軍中同僚）說，弟弟平時煙酒不離身，已是十足一名癮君子。我聽後心中暗自吃驚，連忙勸誡弟弟戒掉煙酒，但他卻笑說：「我能活過老爸年歲已足矣！」我聽後心想，弟弟當年才五十七歲，如何講這等不爭氣的話。

返美後我打電話回去，再勸弟弟戒掉煙酒，時猶未晚，但他終究無法做到。幾年後，弟媳傳來壞消息，弟弟得到食道癌末期，數日後走了，享年六十四歲，這真應了他當年的讖語。

弟弟如今雖做古多年，但想起年輕時他與我的生活點滴，仍然歷歷在目。弟弟在天倘然有靈，請受愚兄一語：「兄弟，今生我未能善盡兄長之責，但望有來生。讓我們再做一場兄弟，重續前緣，也讓我能稍贖前衍。」

序言

外星人來到地球，其活動歷史不止萬年，古人科學知識未開，一般文化水平較為低落，外星人視之如蠢驢，而古人則視外星人如天神，當時人類與外星人實搭不上線。

然而自十八世紀中葉第一次工業革命啟動之後，人類腦洞及眼界大開，此後科技進展更是一日千里。若計從愛迪生（Thomas Edison）於一八七九年發明電燈及萊特兄弟（Wilbur and Orville Wright）於一九〇三年末成功試飛第一架完全受控、依靠自身動力及持續滯空不落地的飛機之後，迄今不過一百多年，如今人類已能駕馭各式能源，且能將人送上月球，甚至於未來將人送到火星與太陽系其他行星之事也已經不是夢。由此看，外星人再也不能像從前般視人類如草芥了。

相反地，部份別有目的的外星人挑選了地球上最強盛與最多種族分佈的國家——美國作為合作的對象，美國從外星人獲得不可思議的高科技如反重力航天器、基因改造及精神控制技術等，而外星人則從美國政府獲得讓他們有限度綁架人類的同意權，以進行醫學及其他更邪惡目的的實驗。除此，美國政府還開闢了數個地下基地，專門提供外星人或雙方合作之用。

一些有識之士認為，政府與外星人合作無異是與虎謀皮，不但討不了便宜，最後且會陪上全人類命運。但美國政府自一九三〇年代與外星人搭上線以來如今涉入已深，實在無法走回頭路。根據未透露姓名的資料來源，六〇年代美國甚至派出一批軍事人員至外星考察，歷時十三年始返回地球。

展望未來，美國將不可能放棄與外星人的合作關係，這種合作涵蓋物質發展與精神控制層面，這樣的發展態勢對人類是福是禍無法預知，而這一切合作過程乃將一如既往，都是在極機密情況下運作，其保密措施雖非滴水不漏，但絕不允許任何未經授權的洩漏。

過去偏偏就有那麼一些有良心及道德勇氣的不怕死之士，他們或是情報界人士，或是親身或其親友曾參與或聽聞了外星合作計劃，這些人在其自身或其他各種原因驅動之下，挺身而出，說出其所知。本書能夠順利成書及出版，首先就要感謝他們的良知與勇氣。

第①章

無奇不有的外星人種（一）：非凡的心智能力

軍工複合體（The military-industrial complex，簡稱 MIC）指的是一個國家的軍事力量與提供它的國防工業之間的非正式聯盟。在美國的情況，指的是其軍方背後的系統，該系統是由國防承包商、五角大廈和政客之間的緊密聯繫構成。軍工複合體的秘密部門與 CIA 和外星人合作，執行美國總統幾乎無法控制的計劃。與艾森豪威爾相比，未來的總統甚至更無能力去發現正在發生的事情，因此，至尊十二（MJ-12）及其合作的公司，其活動及權限將變得超出美國憲法政府的控制範圍。

在艾森豪威爾的告別演說中，他警告軍工複合體的危險，其危險不僅在於其龐大且無法加以控制的企業力量，更危險的是後面的秘密部門涉及多個不同的外星種族，而正是在這些各懷動機的外星人的幫助下，誕生了星際企業集團（ICC）這個龐然怪獸，這一點是艾森豪威爾在演說中不願（或不敢）提到的。下文且來談談這些涉及軍工企業的外星種族——其來源、動機與事蹟。在進入這個

議題之前，先得對外星聯盟基本框架及該聯盟的一些核心恆星系統有一些認識：[1]

根據邁克爾·沃爾夫博士的《天堂守望者——三部曲》，銀河系有三個主要外星聯盟，它們分別是：

(1)企業集團（The Corporate Collective）：由類人生物（humanoids）、爬蟲人（reptiloids）及阿什塔爾族（Ashtar collective）等族類聯合組成，總部設在天鷹座牽牛星（Altair Aquila）。參加聯盟的星球包括天狼星—B（Sirius-B），大角星（Arcturus），艾爾德巴蘭（北歐人的星球），網罟座澤塔I（Zeta I Reticuli），紅頭髮橙色人（Oranges）的巴納德之星（Bernard's Star）與靴狀半人馬座（Boots Centaurus）等。其中爬蟲人是指爬蟲類人形生物（Reptilian Humanoid）或蜥蜴人（Lizard people）或蜥蜴人——天龍人（Saurians Draconians）混種。

(2)仙女座聯合會（Andromedan Federation）：大部分是由人形生物組成，總部位於Taygeta Pleiades。參加聯盟的星球包括天琴座織女星（Vega Lyra），尤瑪（Iumma），南河三（Procyon），又稱鯨魚座T星的天倉五（Tau Ceti），半人馬座阿爾法星（Alpha Centauri）及厄普西隆埃里達尼（Epsilon Eridani）等。

(3)德拉科尼亞帝國（Draconian Empire）：大部分是由爬蟲人組成，總部設在天龍座阿爾法（Alpha Draconis），參加聯盟的星球包括厄普西隆·牧夫座（Epsilon Bootes），網罟座澤塔II（Zeta II Reticuli），北極星（Polaris），獵戶座參宿七（Rigel Orion），貝拉特里克斯獵戶座（Bellatrix

Orion）（居住著遺傳爬蟲類——昆蟲類混合種族），及五車二（Capella）等。

以上網罟座澤塔I與II及獵戶座參宿七都居住著矮灰人，其中本質並非灰人的澤塔II（埃本人）與獵戶座灰人是本書的要角之一。他們與地球已有長期的交往史，對人類更是充滿了野心：

1.1 作惡多端的矮灰人

這一群組的矮灰人（見照片1-1）包括來自澤塔網罟（Zeta Reticulum）星系和獵戶座無處不在的灰人。以上澤塔I與澤塔II的矮灰人，它們與後文將出場的六呎高灰人一樣，這些灰人在不明飛行物墜毀與綁架事件中分別佔有重要地位。[2]

根據美國政府對灰人屍體進行的屍檢，大多數標本的大致高度在三點五到四點五英尺之間。按照人類的標準，灰人頭部與身體相比更大。面部特徵有一雙眼睛頗大、凹陷或深陷，比人類的眼睛分隔或擴張得更遠，並且略微像東方或蒙古人種傾斜。頭部側面沒有耳垂或孔眼。鼻子模糊，一兩個小孔被確定為鼻孔。嘴部區域被描述為像

照片（1-1）　矮灰人

一個小裂縫或裂縫。在某些情況下，他們根本沒有嘴巴，似乎不能作為溝通交流或攝取營養的手段。頸部區域很薄，在某些情況下，由於緊密編織的衣服遮蓋著，根本看不見。大多數觀察者將這些類人生物描述為無毛。一些被發現的屍體頭頂上有一小塊頭髮。其他人戴著看起來像是銀色無蓋帽的東西出現。

他們沒有呼吸附件或通訊設備，這顯示他們具有更高智力的心靈感應能力。在一個案例中，頭部的右額葉區域有一個開口，顯示出一個晶體網絡。這個網絡意味著某種第三大腦的發展。屍檢人員還發現了一個大約一厘米大小的球形物體，並與晶體網絡相連。推測這是一種放大其腦電波的裝置，這意味著如果沒有球形裝置，他們就無法進行精神活動。此訊息也包含在「黃皮書」中。[3]

灰人手臂又長又細，一直延伸到膝蓋部分。每隻手均有四個手指，沒有拇指。其中三個手指比另一個長，有些很長，其他的都很短。沒有關於腿和腳的描述。

一些病理學家指出，灰人身體的這一部分並沒有像我們預期的那樣發育，這表明其中一些生物已經適應了水中的生活。大多數標本的手指之間存在織帶效應。根據大多數觀察者的說法，灰人皮膚是灰色的。有人聲稱它是米色、棕褐色或粉灰色。沒有發現生殖器官或具有生殖能力，沒有陰莖，沒有子宮，這些都符合其他資訊所提到的克隆。類人生物似乎來自同一模具，具有相同的種族和生物學特徵，他們沒有我們知道的血液，但有一種灰色的液體。[4]

澤塔網罟座與參宿獵戶座的灰人皆稱為矮灰人，從外形與身高看他們彼此很難區別，而據馬克・理查茲上尉在受訪時的證詞，大多數灰人都是克隆人。來自澤塔II的矮灰人又稱埃本人（Ebens），[5]其平均身高約三點五呎至四點五呎，例如一九四七年在科羅納被活捉的 Ebe1 其身高為四呎三吋（體重六十磅）。[6]而參宿七獵戶座灰人的平均身高約四點五呎，故兩者身高約略相同。但後者更常涉及綁架人類（據秘密太空計劃局內人馬克理查茲上尉受訪時的證詞，灰人受爬蟲人的召喚和使喚，雖然他沒有指出是哪一類灰人，但已有很多證據指出，獵戶座灰人與爬蟲人互相勾結），而前者則否，但因兩者的外形與身高相似，故許多人誤以為埃本人參與綁架人類（除一九五八年 Betty and Barney Hill 的綁架案外）。除了埃本人可能對人類較友善之外，馬克說來自其他種族的一些小團體，包括藍灰人（Blue Greys）對人類也友善。[7]

菲利普・科索上校（Col. Phillip Corso）曾在艾森豪威爾政府中任職，後來擔任美國陸軍研究與發展部外國技術處（FTD）的負責人，他也是一位長期服役的軍官。在他的回憶錄中，他聲稱曾目睹一九四七年從羅斯威爾取回的一具死亡「灰人」屍體，該屍體約有四呎高、大頭、黑杏仁形大眼睛、有六手指、瘦小的軀體及小臂和腿。[8]據沃爾夫博士，有些 ET（按：指埃本人）偶而會吃水果或蔬菜的食物，他們的消化系統比我們系統的消化和處理有效得多，他們主要是從空氣中吸收能量，不需要上廁所。他說，這些灰人和橙色人之間存在活躍的交易，交易對於 ET 來說具有不同的含意，他們共享技術和哲學等知識，並將他們的人民送往彼此的星球學習文化。[9]

又據沃爾夫博士，在企業法人簽署的一項條約中，有一項聯合國裁定的最高機密，其中規定澤塔人不被允許在公眾之間走動並被公眾看到。不幸的是，沃爾夫的澤塔人朋友「科塔」誤入禁區，以致被一名士兵開槍擊傷，他發現受傷的友人躲在自己的公寓裡，在CIA特工敲門之前數分鐘，科塔被安置在臥室壁櫥。沃爾夫隨後打電話給一位了解這些外星人的朋友，設法挽救科塔的生命。[10]

沃爾夫博士曾與外星人進行一大段有關上帝與死亡的討論。他認為我們的身體僅是靈魂的容器，當人們死亡時他們的意識只是移向另一個維度。有些外星人稱永恆的上帝是宇宙萬物的創造者，這個說法倒是與基督教相同。關於耶穌基督，沃爾夫說他具有外星人與人類的共同遺傳基因，為了結束人類暴力而被派往地球。他又說，不管是澤塔、昴宿星人或地球人，我們都共享同一個上帝，都是同一家人。[11]

澤塔人（埃本人）其先祖溯源自人形文明的天琴人，因此他們的出身是來自與地球人類相似的人形生物，其文明進化史要遠早於人類，只不過後來因故改變了其外形與高度。因此，沃爾夫博士的話並不讓我驚奇。

拉扎爾聲稱，他初到S—4設施時的介紹簡報中，描述了過去一百萬年以來外星人參與地球的發展史，這些外星人起源於澤塔網罟座I和II星系，因此稱他們為澤塔網罟人（Zeta Reticulians），或俗稱「灰人」。

曾遭矮灰人綁架的特拉維斯．沃爾頓（Travis Walton）這樣描述對方：

「身高少於五呎，有一個呈半球形、非常大的頭，沒有頭髮。他們看起來像幼兒，沒有眉毛與睫毛，眼睛很大，幾乎全是棕色，白色很少。」[12]

根據克利福德·史通（Clifford Stone）的宣稱及 *"Different Typologies of Exterrestrials"* 一文所載，[13] 灰人的主要物理特徵略述如下，但在說明其特徵之前，先簡介《*Eyes Only: The Story of Clifford Stone and UFO Crash Retrievals*-November 17, 2011》一書作者克利福德史通的個人背景：

在不明飛行物的研究領域，已退休的前陸軍中士克利福德·史通的名字幾乎是一個傳奇。史通是一位有二十二年越南戰鬥經驗的退伍軍人，他聲稱自己從六〇年代後期到一九九〇年退休為止，服役期間一直都過著雙重生活。他斷言，他被正式分配給 "NBC" 小組（「核、生物和化學回收與減排的細節」小組），他還聲稱曾在「絕密」不明飛行物墜毀任務中服役，在那裡他與被擊落的外星飛行器進行了物理接觸，並與捕獲的非人類生命形態進行了互動。有些屍體涉及墜毀的飛碟，還有一些成員則活著。他說，美國政府曾試圖壓制他在一九六九年一個奇怪的日子於賓州實際看到的東西。他說：「有些人看上去跟你我很像，可以在我們之間走動，你甚至都不會注意到他們之間的區別。」將近四十年的時間裡，史通已經積累了大量私人正宗政府文件並成為最大的收藏者之一，他清楚地證明不明飛行物現象的艱辛現實。[14] 最後，史通聲稱他已對五十七種不同種類的外星生命形式進行了分類。[15]

以下略談灰人的主要物理特徵：

較大的灰人顯然具有一些殘餘繁殖能力，而一些與較高的爬蟲物種雜交的混種則具有完整的繁殖能力，灰人腦容量估計在二五〇〇 CC 至三五〇〇 CC 之間，而一般人類的大腦容量為一三〇〇 CC。由於克隆過程，神經物質是人為生長的大腦物質，而灰人已知的技術使他們能夠以其希望的任何方式將其記憶模式和意識插入克隆中。

灰人通過皮膚吸收過程來吸入營養。據曾遭綁架的目擊者的說法，該過程涉及將一種與過氧化氫（hydrogen peroxide）混合的生物漿液混合物散佈到自己的皮膚上。其中過氧化氫將生物漿液氧化，並消除其內細菌。至於生物漿液究竟是什麼，見後文說明，而廢物則通過皮膚排泄出去，這些遭綁架者注意到，灰人身上散發出不同的氣味或惡臭。

體形較大的灰人，其鼻子形狀較明顯，根據一些政府消息來源，這些外星生物實體稱自己為埃本人（Eben）。他們是操縱人體（通過操縱場）和人腦的專家，他們須要血液和其他生物液體才能生存。[16] 關於這一點，應有存疑。根據二〇一五年十一月十日至十一月二十九日，國防情報局（DIA）的六位不具名成員（DIA-6）與 Serpo.org 的主持人維克多．馬丁內斯（Victor Martinez）的電子郵件通訊顯示，[17] 灰人的情形非常複雜，如果不理清其情形，則無法確認誰是真正殘害人類的兇手。首先維克多根據直接來自國防情報局的訊息得知，有五類外星人都可能與地球上的灰人有關聯。[18] 他們是：

・阿奇科人（Archquloids）——來自行星蓬泰爾（Pontel），屬於天鵝臂（Cygnus Arm）星系，距地球兩千光年。

・川塔人（Trantaloids）——昆蟲狀外星人，對人類具敵意，來自行星 Phi，屬於厄立達努斯（Eridanus）星座的愛普利登・埃里達尼（Epsilon Eridani）星系的第三顆行星，距地球十點五光年。[19]

・跨柔人（Quadloids）——來自行星奧托（Otto），屬於拉卡耶（Lacaille）星系，距地球十點七光年。跨柔人是埃本人利用基因技術創造出來的物種，它是自其他兩種外星物種中克隆出來的。

・哈波人（Hepaloids）——對人類友善，來自行星丹馬士（Damco），屬於天鵝臂星系，距地球二〇〇〇光年。

・埃本人（Ebens）——來自行星賽波（Serpo），屬於澤塔網罟星系，距地球三十八點四二光年。

以上埃本人、川塔人及哈波人各自創造了幾種不同的轉基因（genetically altered）生物，另有一些則是混種生物。除此，埃本人又利用基因改造技術創造了阿奇科人，它是一種大鼻子灰人，約高五呎六吋，皮膚灰色或棕褐色，有大而黑的斜眼，磨菇狀的頭，黃色的眼睛，瞳孔垂直及有四根長手指。據 DIA-6 的成員之一稱，美國政府（USG）稱從埃本人處得到的一個阿奇科人，他們稱為「克隆生物實體一號」（Cloned Biological Entity #1, 簡稱 CBE-1）。[20]此外，埃本人不僅創造了一個灰色的混合種族，而且川塔人也創造了一個混合的灰色種族，這就是為什麼完全了解所有不同的外星種族會變得如此複雜的原因。

除了以上五種與灰人有關聯的外星人外，另有一種稱為「隔葉人」（Septaloids）的外星人也曾被發現過，這些非人類實體來自距地球約十九點九二光年的三角洲帕沃尼斯（Delta Pavonis）恆星系統的第四顆行星，其環境與地球大致相同。（被發現的經過見《傳奇（首部）》：§ 1.6）[21]

許多研究人員認為，灰人深度涉及人類——灰人混合種族（hybrid）的開發，這將是人類進化的適合做法。根據科索的說法，矮灰人與艾森豪威爾政府達成了協議〔按：應是指一九五四年的《格萊達條約》〕。軍事官員認為這是一種投降協議，根據協議，灰人獲得了綁架平民和擴大其生物遺傳實驗計劃的許可。[22]

灰人在人類綁架、基因實驗、通過植入物監控人類、思惟控制／編程、克隆和創造雜種人類方面非常活躍。曾是前美國空軍僱員的尼亞拉・特雷拉・塞利（Niara Terela Isley）曾有與灰人外星人面對面的第一手經驗。她於一九七〇年代後期在美國空軍擔任雷達專家，在一九八〇年一月至同年三月這三個月的時間裡，被要求對托諾帕測試範圍[23]的一艘幽浮進行雷達鎖定後，即再被非志願招募到一個黑計劃中。

尼亞拉成功執行了派遣任務後，描述了由於查看幽浮而發生的情況。她說她被人沿著一條長梯往下拖，通過了房間的另一扇門，之後被安置在一間帶有單向鏡面觀察鏡的房間地板上，鏡子可映照出她的側面。她先經注射後被拖出房間，遭兩名保安人員強姦，其他八人則在旁觀看，其中一個是灰人外星人。尼亞拉的這些催眠回顧情節詳載於其書中。[24]尼亞拉的證詞進一步證實了灰人在一項經常侵犯人權的秘密太空計劃中與美國軍方積極合作。

一九八七年十月，幽浮研究員喬治安德魯斯（George Andrews）透過加州一名女士媒介，成功地聯繫到一個與灰人並非同夥的北歐人。該北歐人在和喬治的交談中做了以下的評論：[25]

「也許一兩百年後，一些【不同種族的】灰人甚至會在身體上混在一起，你可能會看到一些生物走來走去，他們幾乎是灰人和你自己種族的混血。就現在而言，任何走動的東西看起來都會很像你自己。更簡單地說，這情形抑制了大規模恐慌。每個與他們【灰人】有過接觸的人都會與政府發生衝突。此外，我們將進入一個地震不斷和動盪後的劇變之完整階段。中央情報局的核心被小灰人深深控制。中央情報局將與小灰人的互動視為獲得更大科學成就的途徑。你看到這麼多不同種類的不明飛行物的原因是，其他文化正在以極大的興趣觀看，【或是說】來自其他文化的科學家前來【這個星球】觀看。灰人不僅接管了情報機構，還接管了那些機構所謂的『瘋子邊緣團體』。」

以上就是北歐人所說的話，這些訊息的來源也做了以下評論：「最終邪惡是一種心理自滿的偽裝形式，這導致人們堅持集體哲學，而不是勉強自己的視野。一旦你意識到自己是一個所謂的『被選中的特殊群體』，你就在墮落的路上。這是任何社會和任何文化中毀滅的種子，它使這個社會或文化變得脆弱。這也將是灰人的最終毀滅。他們沒有看到自己的錯誤——正是他們抓住的弱點才是他們自己固有的弱點（按：這應是指集體意識）。試圖改變一個灰人，或者一個邪教類型的『星際人物』，或者是一個中央情報局成員都是徒勞的。這會發生，但一切都在它自己的美好時光中……正是這種精神讓任何人站起來反對不真實和不正確的事情，這將成為小灰人身邊的刺，也是與他們結盟的其他勢力的刺。」

灰人雖然邪惡，但美國空軍和他們以及其他爬蟲人聯盟等外星人之間的合作卻一直延續到今天。兩方固然有合作，但外星人居心叵測，他們與美軍合作當然有其目的，這些表面與美軍合作的外星人，就像當年與納粹合作的外星人般，始終是一個威脅。而美國政府也非吃素的，他們在其秘密基地拘押了一些被認為威脅其安全的不同種族的外星人，究竟哪些族類的外星人威脅人類的安全？

1.2 威脅人類安全的外星族

維克多說，非業內人士稱川塔人創造的灰人雜種為「灰人」（Grays），但情報圈內人士並不如此稱呼。他認為，川塔人應負責地球上的人類綁架，而創造出的雜種灰人則與其生活在同一行星，因此川塔人對人類是真正的威脅。[26]一九八一年三月 CIA 在大衛營雷根總統的簡報會上，第四號顧問提到，埃本族身體內確實具有與地球上發現的元素相似的元素，但川塔人身體內卻具有奇怪的物質，他們沒有一樣是像地球上發現的。這些外星人（指川塔人及其創造的灰人同夥）可以模仿得看起來像是金髮人類（Blonds），[27]但其本質並不是金髮人類，而是醜陋的昆蟲。顧問並說，他擁有該外星人照片。凱西局長則說，他們是昆蟲型外星人。[28]維克多認為，川塔人綁架／殘害了母牛，從母牛體內為自己獲得獨特的抗毒素。

並非昆蟲型外星人對人類就是不友善，前美國空軍外科助手埃默里・史密斯（Emery Smith）在接受紐約時報最佳暢銷書作者大衛・威爾科克（David Wilcock）的採訪時提到一場涉及一群外星人的事故，因為這群外星人頭部長相似螞蟻之故，他稱其為螞蟻人（見照片1-2）。這些人協助檢查在工業事故中喪生的同胞。史密斯斷言，這些外星人（包括螞蟻人與螳螂人）是仁慈的（按：他們當然來自與川塔人不同的行星），儘管他們具有可以用作武器的先進心理能力，但他們投射出一種溫暖友好的氛圍，與他們一起工作的人類科學家可以感受到這種氛圍。[29] 秘密太空計劃局內人馬克・理查茲上尉在受訪時說，螳螂人在過去五十年裡失去了權力，他們最初對人類有利，是我們的盟友，但隨著時間的推移，這種情況發生了變化。現在他們可能更加分裂，螳螂人在他們的派系內部發生了某種內戰。[30]

二〇一一年五月在台灣嘉明湖上拍攝到的類螳螂人，其身高約八～八點五呎，據轉述自物理學家巴里溫凱塞爾（Barry Warm Kessel）的話，它可能是來自四點二四三光年的半人馬座（Proxima Centauri）的塞諾斯（Cenos）外星人。[31]

照片（1-2）　外星螞蟻人

DIA-6 認為，埃本人不是灰人，灰人是敵對的，不能被信任。[32] 因此，若照以上資訊，在地球進行綁架與殘害人類（以人血營養自己）的外星人應是川塔人創造的灰人或其他灰人，而非埃本人。這種說法的具體原因進一步解釋如下：

據沃爾夫博士對 Kolta 的第一手印象及十二名軍方人員在交換計劃下搭乘埃本人太空船馳往賽波星途中，Ebe2 在聽到指揮官問起三〇八號隊員的屍體下落時，其情感反應揭示出同情的天性，隊友們了解到這是該種族的普遍特徵。此外，抵達賽波後，指揮官對翻譯人員 Ebe2 的觀察是「她很熱情……她真的很在乎我們，甚至擔心我們。」[33] 因此根據軍方交換人員的說法，埃本人天性是善良的。

再從埃本人的日常食物來看，他們平常僅吃菇及其他蔬果類。根據參加賽波交換計劃的指揮官日記，當快到達賽波時大家吃了一頓埃本人提供的豐盛餐點，他們用類似磁盤的東西盛食物，食物的種類包括看起來像燉菜與餅乾的東西，一些看起來像馬鈴薯或黃瓜的東西，有些食物其外形像蘋果，但吃起來卻不像蘋果，其味道甜，質地軟。有些隊員吃得很高興，還開玩笑說，可惜沒有冰淇淋。[34]

旅途中他們常吃埃本人所提供看起來像糊狀或燕麥片的東西，但吃起來其味道像紙。[35] 埃本人提供的水顏色看起來像乳白色，但味道像蘋果。[36] 到達賽波後，指揮官日記中提到，一般埃本人吃的食物與他們旅途中在太空船上吃的食物相同，只是有些物品不同，諸如像水果和奶酪之類的東西

（嚐起來像酸牛奶）。[37]此外，且當埃本人進食時是以嘴進食，並非從皮膚滲入體內。

從以上敘述的埃本人的進食內容與方式看，他們可能曾涉及綁架人類但決非吸取人類血液的外星族類。幹此等事的必是其他族類的灰人，這些灰人綁架人類和動物以獲取其體液，他們也將小型設備植入到被綁架者的大腦附近，這可能使他們具備全面的控制和監視能力，而這些設備很難被檢測到。由技術人員對植入設備進行的分析得出的描述涉及，將結晶技術與分子電路結合使用，而這些都依賴大腦和人體各個部份的共振發射，訊息即夾帶在電腦波上。幾乎所有試圖移除植入物的嘗試都會導致人類的死亡。這通常是由於部份植入物附著在主要中樞神經上，一旦附著，神經組織就會在植入物內部和周圍生長，這實際上使植入物成為神經系統的一部份。當使用相對簡單的醫療程序試圖移除植入物時，主要的中樞神經受到了損害，從而導致被植入者的死亡。丹・布瑞施博士可能是有記錄可查的第一個成功移除植入物的人。

美國軍方對（里格爾）灰人——爬蟲人曾使用「外星人生命形式」（Alien Life Form, 簡稱ALF）一詞來描述他們。ALF的各種描述都涉及以下特徵：[38]

身高三~三點五呎之間，兩足動物，直立站立，頭比人類的頭大，沒有外部耳垂，沒有體毛，有一雙大的、不透明的黑色淚狀眼睛（約傾斜三十五度），有垂直裂開的瞳孔。其正常姿勢類似螳螂的手臂，其長度可達膝蓋，手掌小及手臂長，爪狀手指（有些種族有三或四根手指），有堅韌的具有爬蟲類質地的灰色皮膚，有四個小爪狀腳趾的小腳，有類似於人體的器官，但它們顯然是根據不同的變異過程發育而成的。有一個異常的消化系統，及兩個分開的大腦被顱中前腦和後腦間的外側骨隔開，兩者（指分開的大腦）之間沒有明顯的聯繫。一些解剖後的屍體呈現了一個晶體網路，該網路被認為在心靈感應和其他功能中起了作用，有助於維持同一種族成員之間的群體意識。此種群體意識對種族的事務處理產生妨礙，使得該種族的決策進行得相當緩慢，原因是手頭的事情會通過群體意識過濾給必須做出決策的人。

外星人的生存要求他們必須有人類血液和其他生物物質才能生存。陰謀論者布蘭頓（Branton）認為，他們本來並不是須要人類血液的，但一旦使用了人類血液，即會「上癮」，成為吸血鬼般的生物（就像獅虎一旦吃了人就會上癮一樣）。在極端情況下，他們能靠著其他動物血液存活。[39]

上文提到的布蘭頓只是個假名，據稱他已去世，其真名是布魯斯・艾倫・沃爾頓（Bruce Alan Walton，生於一九六〇年九月七日）他是布蘭頓檔案（Branton Files）的作者，布蘭頓檔案是一系列支持各種陰謀論的文件。沃爾頓撰寫了「布蘭頓檔案」後，在一九九〇年代的某個時候透過互聯網對外界發了這些檔案文件。他還編輯了有關爭議的「道西基地」（Dulce Base）連接頁面，網址為 http://www.angelfire.com/ut/branton/ 及於一九九九年出版了《道西戰爭：地下外星人基地與保衛地球之戰》。[40]他最讓人印象深刻的一件事是在前道西基地高級安全官托馬斯・埃德溫・卡斯特羅（Thomas Edwin Castello）[41]失蹤或死亡前一年，對他做了詳盡採訪，訪問全文登載於二〇〇九年出版的《道西地下外星生物實驗室：本尼維茨不明飛行物論文》一書。[42]

布蘭頓出生於一個大家庭，於一九六〇年居住在洛基山脈的西部附近。在讀了弗蘭克愛德華茲（Frank Edwards）的書《飛碟——嚴肅的事情》（*Flying Saucers-Serious Business*）後，從十二歲起布蘭頓開始研究「超自然現象」。他聲稱自己整個童年都是外星人的綁架者，並在共濟會的「宗教」博愛中長大（有人聲稱共濟會早在一七七六年就已被一個名為巴伐利亞光明會的顛覆組織滲透，該組織與存在於地球內部的「爬蟲類人形動物」有關聯），他意識到自己的新共濟會宗教背景有些局限，即使並非完全具欺騙性。

布蘭頓聲稱，由於這些所謂的綁架，他年輕時遭受的虐待幾乎毀了他的生活。這些虐待包括接受「外星人植入物」。但是，感到自己沒有什麼可失去的，他說他現在只打算協助摧毀那些毀了他一生的人。但他堅決認為，由於許多「混種」的存在，我們應將外星人混種與由「外星人蜂巢」控制的純種爬蟲人區分開來（有些人將此外星人蜂巢，聯想到與外星人的思想聯繫在一起的電磁模子），原因是這些外星人混種具有類似人類的靈魂模子和個性，他們甚至可能有助於阻止其他更為嚴酷的外星物種對人的思想和身體的「同化」。[43]

下文來談談發生在一九七五年，首次人類與外星人衝突及其後續雙方的發展合作，主要的重點是人類克隆技術的開發，這個衝突事件的情節描述，主要是根據沃爾夫博士的透露。

1.3 不可思議的「克隆人」

在美國軍方與外星人的互動過程中，雙方有過數次意外或軍事衝突，最嚴重的一次當然是一九七九年發生在內華達州道西基地的衝突。其次是一九七五年的格魯姆湖（Groom Lake）衝突及一九八三年的三號閘門事件（Gate 3 Incident）。除了以上這三次較具體的衝突外，沃爾夫博士還講述另一場較不為人知的衝突，他說地面上有一個外星人從新澤西州迪克斯堡（Fort Dix）到臨近麥圭爾空軍基地（McGuire AFB），在那裡不知何故他死於停機坪上。[44]下文首先來談談一九七五年發生於五十一區的衝突，這些交火的描述載於沃爾夫博士的著作《天堂守望者》一書中：

埃本人利用遺傳科技創造了幾類外星人，令人驚訝的是埃本人不僅是基因工程高手，他們在其他科技方面（尤其是反物質與反重力推進引擎）也有了不起的成就。一九七五年五月一日兩名埃本人就一個相對較小的反物質反應堆，同S－4地下隧道內的人類科學家進行了一次技術交流，當時外星人使用超重元素（原素115）。外星人要求負責保護外星人的「藍貝雷帽」（Blue Beret）頭子（一名上校）從房間中移走所有步槍和子彈，以確保它們不會在能量釋放過程中意外起火，但警衛拒絕了。在隨後的騷動中，一名守衛向灰人開槍，衝突結果共計一名外星人、兩名科學家和四十一名軍事人員被殺，而這些人的喪生僅僅是因為負責安全的上校質疑灰人的命令。

現場的一名守衛倖存（他被允許活著做為人證），死亡的所有人類其死因都是來自頭部受傷和腦部物質受損。證人證明這些矮灰人在自衛中顯然是使用了「定向精神能量」來殺死其他進攻的貝雷帽士兵，這與道西基地的高灰人所使用具有幅射性的定向能武器不同。前者實際上並沒有手持任何類似手槍的武器，而後者則是手持武器。

事實上證人沒有看到外星人手持任何武器，沃爾夫博士因此認為灰人也許可以將他們的思想用作武器，實質上是將他們的大腦用作生化電路板，利用該電路板通過特定的神經模式或途徑傳導電磁能。沃爾夫博士建議，這可以解釋為什麼灰人有能力在固體物質中行走或通過固相物質、閱讀思想、發送心理訊息，並且能夠在缺乏可觀察的儀器情況下，提升並漂浮自己與被綁架者。[45]

沃爾夫博士說，這一事件結束了政府與灰人之間的某些交流，不久之後雙方有限度地恢復交流，而軍事／情報科學家從外星人那裡學到了克隆技術。當沃爾夫說這話時，他其實也說他自己，他曾參與各種基因實驗，其中一個是前哨計劃（Sentinel Project），主要在創建一個超強與超能力的士兵，他將遵循命令而無所畏懼。在了解對動物的克隆技術之後，沃爾夫博士及其同事成功地創造了一個具有人工智能的人類，他為其取名為「J 型歐米茄」（J-Type Omega, 以後簡稱「J 型」），作為前哨計劃的一部份。

很多人對克隆技術這個課題可能感到好奇，而對「克隆人」的基因實驗更是感到不可思議；實際上，出於道德與各方面的考量，目前人類克隆在世界各國仍然是一個禁忌課題。一九九八年，丹麥、芬蘭、希臘等歐洲十八國在巴黎簽署了禁止克隆人協議，做為《歐洲生物醫學條約》的補充。

這項協議禁止任何研究機構或個人，使用任何技術創造與一個死人或者是活人基因相似的人。因此，前哨計劃當然是一個無法見光的黑計劃。

在進一步敘述「J型歐米茄」的事跡之前，先提供《*Missing 411-The Hunted*》所列的一則真實案例供讀者參考，這個例子說明克隆人不再是一個科幻題材，這可能已成為真實生活的一部份：《*Missing 411*》的作者大衛・保利德斯（David Paulides）是一名前警察，現在是一名調查員和作家，主要以出版《*Missing 411*》系列書籍而聞名，書中他記錄了美國國家公園和北美其他地方失蹤的各種案例。為了保護隱私，大衛將人物名稱和發生時間做更動。

話說加州第二高峰——沙斯塔山（Mount Shasta）地區一向是個熱門的觀光與露營好去處，據當地土著部落口耳相傳，這裡存在史前巨人族及山的地下有一座水晶城市，它由遠古的失落文明所建立，當地還有幽浮和大腳怪的目擊報告。沙斯塔山有一處非常受歡迎的露營地——麥克勞德露營中心，三歲半的約翰及其家人是該處的常客。

二〇一〇年十月一日，約翰一家來到露營中心小溪旁露營，父母忙著安置帳蓬，約翰則在一旁玩。到了黃昏六點半時，父母正在劈材之際發現兒子忽然不見了，不久，爸爸安迪報警，附近社區共有一百多人參與搜索，五小時之後有人聽到不遠處灌木叢有呼救聲，因而發現了約翰。這一帶灌木叢不久前才有人搜索過，卻未發現任何異狀，因此約翰的失蹤與出現無法得到合理解釋，但既然孩子已找到，且無發現其他人為因素，故警方沒有立案。

三週後安迪帶兒子到奶奶卡比家，約翰忽然對卡比說，我不喜歡另一個卡比，卡比問，「誰是另一個卡比？」約翰說，當他在營地玩耍時忽然看到奶奶在不遠處向他招手，招呼他過去玩，約翰過去後手就被奶奶緊緊抓住了。奶奶拉他一路往山上走，最後進入一處山洞。約翰看見洞裡有大量的舊槍支、錢包和背包，其上面佈滿蜘蛛網和泥土。

約翰再看看身旁的奶奶，這次他仔細看了，他意識到這並非自己的奶奶，原因是他看到身旁奶奶的頭正在發出閃光，她看起來像機器人，於是他稱這個奶奶為「另一個卡比」。此時山洞裡還有一些像機器人一樣的人，這些人一動也不動，其面部表情扭曲。不久，「另一個卡比」檢查約翰的肚子，她並且放了一張便條紙在地上，讓他在上面排便，約翰無法做到。「另一個卡比」非常沮喪，於是不斷地問約翰問題，可是約翰答不上這些問題。於是「另一個卡比」表現得更加沮喪，隨即她把約翰帶回灌木叢，要他在那兒等著，然後她就離開了。此時天已黑了，不久之後，約翰嚇哭了，而其他人聽到哭聲隨即找到他。

卡比聽到了約翰的後半段故事後，從吃驚轉變為沈思，她向兒子安迪透露一段從來沒給家人說過的往事，原來卡比過去也曾經和朋友前往麥克勞德露營中心露營。那天晚上她和朋友正在柴火旁聊天，無意中看到遠處森林中有許多發光亮點，它們似乎像是一對對發光的眼睛。她和朋友以手電筒照射亮點，亮點遇光即消失，但移開手電筒後亮點即再度出現，如此折騰了整個晚上。（按：外星人的眼睛怕光，這訊息來自前政府結構工程師菲利普·施耐德與前道西基地安全官托馬斯·卡斯特羅，此點將於後續出版的外星人系列書籍交待。）

之後，卡比回到帳蓬，朋友則回到露營車，各自鎖上門休息。第二天醒來後，卡比發現自己躺在帳蓬外地上，而朋友則躺在露營車外地上，臉朝下趴著。她走近一看，發現朋友的脖子後面有一道傷口，而自己的頸後似乎也有一道小傷口，由於身體沒有其他問題，財物也無損失，卡比回家後沒有跟任何人提起這事，只當作是做了一場夢。但現在她聽到約翰提到「另一個卡比」，心中猛地一驚，心想它與自己從前在相同地方看到的光和身上的傷口是否有關？

後來卡比聽說大衛專注於記錄神秘的失蹤案件，於是將自己與約翰的故事透露給大衛，並將此事傳播到網上。一些網友認為，沙斯塔山的山洞很可能存在一個政府或外星文明設立的秘密實驗室，實驗室的目的很可能是通過提取人類的生物訊息（如皮膚、血液或糞便）進行實驗，來研究某種生化人或克隆人。卡比及其朋友被割傷，很可能是被提取了DNA。而另一個卡比很可能是通過提取的DNA被製造出來的克隆人。此外，山洞裡那些一動也不動的人則是尚未被激活的個體；然而約翰會如此巧合地碰到由卡比的DNA製造出來的克隆人，卻沒有合理的解釋。

直到二〇二〇年，《*Missing 411*》已經出版了十本書，其中有些案件已拍成兩部紀錄片。以上的故事給我們的啟示是，外星人在人類克隆技術開發上，可能擔負重要角色（據說，道西基地有超過一八〇〇〇個「外星人」）。有人不免好奇，外星人或美國政府或兩者開發人類克隆技術，目的何在？例如前哨計劃是在創造超級士兵，除此，克隆人還有其他多種用途，包括醫學、勞動與性娛樂等。

前哨計劃涉及與灰人的緊密聯繫，外星人對遺傳學的廣博知識，對計劃的成功至關重要。J型的胚胎是在水箱中成長的，身上使用的部份DNA則來自沃爾夫博士身體，後者整整花了一年的時間才喚醒水箱中的人工智能人。沃爾夫博士說，從水箱中被帶走時他看上去像是二十歲，當J型醒來時他就像一隻小狗，腦子裡一片空白，他問了一個又一個問題，他想知道一切，沃爾夫向他展示了有關地球過去戰爭和衝突的電影影片。當他看到這些可怕的圖像時，他哭了。他學會幾種不同語言，可以使用50%的大腦，不像人類只有10%，因此他有很高的智商，他告訴沃爾夫，他將來準備當一名老師。沃爾夫與J型的關係就像父親與兒子。

為何J型會有以上的情緒反應，而非如一個機器人般的木訥？原因在於創造過程中，沃爾夫博士意識到「J型」有靈魂，於是他秘密地將道德規範植入了他的人工智能。然而意想不到的事情發生了，在一次測試中J型不願意遵循命令去殺死一隻無辜的狗，這導致上級下令將J型處決。相反地，沃爾夫基於私情，在獲得朋友幫助後私下釋放了J型，離開前並告訴他，以後絕不要再見面，因為這對兩人都很危險，目前這個人工智能人生活在美國某個地方。[46]

「J型克隆」可能是美國軍方的第一個實驗性人類克隆，但據一些被綁架者聲稱，他們遭灰人綁架時，曾見到同夥的金髮人形生物，這些金髮人可能是克隆人或混種（hybrids）。克隆人與真正的金髮人（Blonds）有何區別？區分出克隆人的方法之一是他們看起來都很相似。關於這一點，古德提及，他在科研船上工作時曾應 ICC 要求，至火星殖民地進行維修工作，在那裡他見到一些臉色蒼白且身體和精神都不健康，看起來非常像奴隸勞工的人。曾經不止一次他在工作場所看到四個長相相同的人，攜帶板條箱和相關的其他物品，這些人顯然是克隆人。[47]

克隆人操勞力工作，同時他們也沒有能力進行傳送（teleport）或跨維度旅行。他們可以被心靈感應所聯繫，但無法發送心靈感應，因此他們是僵屍般的肉體機器人。雜種人則是介於真正的金髮人和克隆人之間的中間狀態人種。[48]

理查德·博伊蘭博士根據一位關鍵線人的資訊得知，距冰島 Diuppidalur 村約數公里的地方，有一個巨大的地下設施，一九九三年美國國家安全委員會（NSC）批准了該座地下工事的興建，經歷了十三年終於完工，二〇〇六年這個長十六哩及寬一哩的巨大地下設施開始營運。

NSC 企圖讓人相信該地下設施是一個與核、生物和武器相關的研究設施。但事實上該設施是陰謀集團（Cabal）計劃的關鍵部份，該計劃旨在建立一支由大部份人類克隆組成的超級部隊，其士兵增強的身心能力涉及到回收的星際訪客的遺傳物質。NSC 特殊研究小組的邁克爾·沃爾夫博士得知自己在人類克隆的工作，受到軍方陰謀集團的扭曲，從而創建了植有心理編程及能無意識地遵循不道德命令的超級混合型士兵時，非常生氣，這使他辭去了政府研究工作。[49]

至於灰人開發出來的「混種人」，據布蘭頓表示，創建真正混種的一個問題是人類擁有「靈魂」，而灰人則沒有。因此無論「物理外殼」的遺傳物質組成如何，混種人必然落入以下的一方或另一側，即充滿靈魂的人類或毫無靈魂的灰人及爬蟲人。也就是說，有些混種人有靈魂，有些則無靈魂。[50]

關於有靈魂的混種人一事，有人（按：推測應是沃爾夫博士）告訴 Alphacom 小組，無論他們是否有意識地知道這一事實，地球上有越來越多的年輕人一半是人族，一半是北歐外星人，他們顯然正在地球上參與一些重要任務，大多數人從出生開始就保持沉默或不知情。[51]

混種人的能力雖然受限，且也無法經由性交而進行繁殖，但他們能夠抵抗破壞性的生態變化。灰人認為這種變化將在不久的將來在地球上發生，混種人也同時具有發達的消化系統。[52]

1.4 新興產物——人類與外星人混種

【本節主要是基於天普大學（Temple University）歷史系副教授大衛·雅各布斯（David M. Jacobs）博士對被綁架人的催眠回歸研究】

一九九二年，大衛·雅各布斯博士，這位不明飛行物研究和綁架現象領域的先驅，開始了一系列催眠回歸治療研究，他的一位女性病人——「艾米麗」顯然與一個看起來像人類的混種人（hybrid）發生了性關係。在一次談話中，艾米麗和混種人討論了他的父母。大衛問艾米麗，她是否討論過混種人和我們之間的不同之處。她告訴大衛：「他是混種人。他的母親和我一樣（按：這意味著他的母親是人類），他的父親和他一樣（按：這意味著他的父親是混種人）。所以他……更是有某程度的接近。」

雜交似乎是分階段進行的。從綁架報告中可以清楚地看出，它開始於體外結合人類精子、卵子和外來遺傳物質。這種結合部分生長在人類女性宿主中，部分生長在妊娠裝置中，其結果是一個混合體，這是外星人和人類之間的雜交人（雜交種—1）。許多這些雜交種看起來幾乎是外星人。他們有黑色的大眼睛，沒有白色物質；小而薄的身體，纖細的手臂，瘦腿，薄的、不存在或稀疏的頭髮，一張小嘴；不存在或很小的耳朵，尖下巴。他們沒有生殖器。有些看起來非常像外星人，以至於被綁架者經常將他們誤認為是純粹的外星人。

雜交過程的下一個（可能是第二個）階段，發生在外星人結合人類卵子和精子，並將第一階段雜交（雜交種—1）的遺傳物質同化到受精卵中。這也是從體外程序開始的，然後需要人類女性宿主和妊娠裝置來使胎兒成熟到出生。由此產生的後代是雜交種—1和人類之間的混種。這些生物（雜交種—2）看起來仍然很陌生。他們的頭部形狀奇特，下巴尖，顴骨高，眼睛裡只有少量白色；他們的頭髮仍然很稀疏，他們的身體很瘦，但更大。沒有證據表明雜交種—2可以繁殖。當時機成熟時，這些早期混種人通常會幫助外星人處理綁架程序，這是外星勞動力不可或缺的一部分。被綁架者看到他們照顧混種嬰兒和幼兒並執行其他重要任務。

雜交的下一個（可能是第三個）階段包括取一個人類卵子和精子，並添加來自雜交種—2的遺傳物質。與前面的階段一樣，中期雜交過程從體外開始，進展到子宮內，然後是妊娠裝置。由此產生的混種人（雜交種—3）看起來非常人性化。如果穿著得體並戴上墨鏡，他們可能會騙過人類眼睛，儘管他們的外表可能不正常。被綁架者說，雜交種—3的瞳孔可能有很多黑色，或者沒有眉毛或睫毛。與前階段混種人一樣，這些中間階段混種人幫助著外星人，有些負責更複雜的工作，他們甚至在沒有外星人監督的情況下進行完整的綁架。

雜交在後期世代達到臨界點，這可能是第四代或第五代。外星人再次使用標準的雜交過程，將人類卵子和精子與雜交體—3的遺傳物質進行拼接。由此產生的後期雜種與人類非常接近，以至於它們很容易在沒有告知的情況下騙過人眼。被綁架者常將這些後期混種人稱為「北歐人」（Nordics）。當然，他們不是真正的北歐人，只是外形相似而已。

後期混種人擁有外星人非凡的心智能力。他們可以參與凝視程序、思維掃描、可視化（visualizations）、想像等。他們幾乎完全控制了被綁架者，後者報告說在混種人綁架活動中他們的身體和精神受更多的控制。

後期混種人有一個非常重要的特徵：他們可以與人類一起繁殖。他們可繞過綁架的標準卵子和精子收集階段，而以正常方式和人類發生性關係。這些由此產生的混種人幾乎無法與正常人區分開來。

儘管尚不清楚混種發展存在多少個階段，但證據無情地顯示，目前正在發展出越來越具有人類外觀和人類行為的混種人，他們擁有像外星人般操縱人類的能力。雄性後期混種能否與雌性後期混種進行繁殖尚不清楚。被綁架者說，雌性晚期混種很難將嬰兒帶到足月。

一旦混種人誕生，外星人就會將他們輸送到特定類型的服務中。例如，被綁架者凱瑟琳．莫里森（Kathleen Morrison）被告知，有些混種人是為了獲取知識，有些是為了輔助，有些是為了兩者兼而有之。她還了解到，後來的混種型比早期混種型擁有更大的能力。顯然，混種人在能力和行為上並不完全相同。[53]

一旦這些混種人長大成人，他們的責任就會增加，而且根據被綁架者的報告，他們會參與更多的綁架活動。儘管仍處於助手或下屬的身份，但一些成年混種人會進行全方位的身體、心理和生殖程序。他們與灰人、外星人一起工作，並成為朝著共同目標努力的伙伴。近年來，被綁架者報告了混種人在沒有任何灰人存在的情況下進行完全綁架的事件。

一些被綁架者更喜歡和混種人在一起，而不是和灰人在一起。對他們來說，混種人提供了人類熟悉的舒適感。其他被綁架者發現晚期混種人令人恐懼，因而較喜歡更可預測的灰人外星人。灰人根據明確定義的系統行事，隨著時間的推移，許多被綁架者對他們感到滿意。在大多數情況下，混種人的行為就像灰人：任務導向、高效率和臨床。但他們的存在注入了情感和不可預測性。他們的人性幾乎使他們成為涉及綁架人類男女罪行的一員，許多女性在後期混種人周圍感覺得更容易受傷害。

綁架受害人艾莉森．里德（Allison Reed）說，「混種人沒有那種同情心，我感覺不到。我不知道他們是否像人類一樣。也許這就是我害怕的原因，因為人類為何竟如此殘忍？」

艾莉森．里德又說，青春期的混種人頭髮柔軟，眼瞼呈粉紅色（沒有紅點），沒有睫毛，皮膚緊繃。身體又長又瘦，沒有臀部。

根據被綁架者的報告，這些混種人對父母、兄弟姐妹、家庭生活、養育或其他將人類彼此聯繫在一起的重要情感事件沒有記憶。在長時間的談話中，一位後期混種人告訴 綁架受害人雷什瑪．卡邁勒（Reshma Kamal），他的記憶與她的完全不同。

然後雷什瑪問他是否有像我一樣的父母或孩子之類的。他看起來有點悲傷。我不知道，他低頭看著我，然後說不。他說，「我們只是屬於這裡。」……我幾乎為他感到難過。我問他有像我一樣的爸爸媽媽嗎？他又低下頭，抬頭看著我，然後說，「我知道我來自哪裡，但我不像你那樣有聯結。」我說，「什麼意思，聯結？」他說，「文件。」……我再次問他「文件是什麼意思？」……他說，他很善良向我解釋，就像我們看祖先一樣，我們有記憶和歷史。他說，「當他看他的背景時，他只需要看文件。沒有聯結，沒有記憶……」

他說：「當你想起你的母親或姐姐時，你就會想起在那裡、看到他們的回憶」但是「當我想做這些事情時，我必須查看文件；我沒有那個聯結或回憶。」此外，他說：「我沒有家，和你的感覺不同。」他補充說：「我不屬於任何地方。」他似乎在說他有一個家，但與我對一個家的依戀不一樣。

被綁架者與晚期混種人互動的最大問題是性活動的頻率。混種人想要性，不僅因為它對育種計劃至關重要，而且顯然是因為能滿足他們。[54]

除了創造人類——外星人混種，由於灰人（包括埃本人）也利用其基因技術創造了其他外星人，並將其創造物贈與美國軍方做為交流的抵押品，軍方在管理上若有疏失，即容易造成衝突，以下就是一個明顯例子。

1.5 「三號閘門事件」——外星訪客與地球人對戰

三號閘門事件的發生原因與一個企圖逃離羈押地的阿奇科人有關。早前某段時候埃本人曾將一名外星實體（Extraterrestrial Entity, 簡稱 ETE，此後稱「訪客」，visitor）；他也是軍方所稱的「CBE-1」，他是阿奇科人，他是埃本人贈送給美國軍方作為觀察和研究用的，一九八三年四月這個訪客因企圖逃脫羈押地而遭空軍特工射傷，這次事件就是所謂「三號閘門事件」。事情經過如下：[55]

三號閘門是通向格魯姆湖綜合體的入口，這個閘門連結格魯姆湖綜合體和五十一區。格魯姆湖綜合體周圍的閘門是由私人安全公司瓦肯赫特公司（Wackenhut Corp.）負責，綜合體本身則是私人安全人員與軍事安全人員共同負責。當這名被安置在五十一區S—2設施的訪客逃脫之際，事情發生了。當時它步行通過一扇敞開的穹頂門要離開地下S—2設施。同時間負責搜索的人員之一是格魯姆湖綜合體的安全總監，以及作為綜合體反情報官的空軍特別調查辦公室（AFOSI）特工。他倆駕著吉普車，從格魯姆湖的後出入口疾馳到通向五十一區三號閘門之處。

當吉普車接近閘門的出入口時，OSI特工注意到門房外面本應保安站崗的位置空無一人。停車後OSI特工下車調查，他走到閘門查看保安，當OSI特工更接近閘門的前門時，他注意到出入口之內濺了些血，同時也留意到一些人體的殘骸。事後經現場檢查發現，該殘骸是來自被炸死的衛兵。原來逃走的訪客（即CBE-1）身上隱藏有一把武器，該武器（可能是閃光槍 flash gun）是從外星人回收並被鎖在一容器內，那是一種能量導向的光束武器，光束擊中了警衛身體並使其內爆。

OSI特工返回了吉普車內，與該綜合體的主要安全部門——中央安全控制中心聯繫，並報告結果。安全總監則透過安裝在吉普車上的無線電話，聯繫了辦公室。在這同時手持自動手槍的OSI特工在該地區走動，尋找肇事者。OSI特工找到了躲在地下涵洞附近的訪客，他喝令訪客投降，但訪客卻逃走。特工在後跟隨後，向訪客開槍警告，訪客轉身並似乎拿一些東西指向特工。特工直接向訪客開槍，45口徑自動手槍的兩發子彈擊中訪客胸部，跌倒在地。額外的安全部隊在十八分鐘後到達，他們將訪客安置在密閉房間並隨即運回到S—2設施，訪客的傷勢最後獲得復原。[56]

以下略說明阿奇科人為何會逃離S—2設施及為何它會失去理智以致去殺人：

這位特別訪客本來居住在稱為「清潔球」（The Clean Sphere）的「氣泡」（The Bubble）中，它位於五十一區八級（8-level）S—2設施的第二層和第三層之間。位於S—2設施南端的清潔區域，氣泡有十二～十五間隔離室，阿奇科人和J-ROD分別居住在這十二～十五間標有「訪客收容」

的隔離室中的其中兩間。前文提到，阿奇科人是埃本人創造的生物，而 J-ROD 也是埃本人利用基因技術所創造，這兩種生物的長相並非一模一樣。此處值得注意的是，丹．布瑞施博士曾提到，J-ROD 是地球的未來人（丹說這是 J-ROD 告訴他的），而他並未說 J-ROD 是埃本人所創造。真相如何，值得觀察。

此處另值得留意的是，埃本人是基因工程與克隆技術的高手，他們可以透過稱為「快速克隆」的過程，將幾乎所有活體組織克隆到生物體中。由此創造出來的 J-ROD 有一顆聰明頭腦，能夠迅速適應人類的環境。諸多消息來源指出，J-ROD 就住在五十一區，它是灰人外星人（但不清楚是否為高灰人），並且是埃本人與軍方交換計劃的一部份，它的主要任務是向我們的科學家提供知識。[57]

第二種生物——阿奇科人則較原始，埃本人創造出這類生物的目的是充做奴隸，只要給出命令，它就會受控制，並且很安全。控制它的方法是在其頭部裝上「大腦芯片」（brain chip），並藉由一個小黑盒來對其做功能上的控制，顯然埃本人是將它當成「科學怪人」看待。埃本人提供阿奇科人給軍方進行醫學實驗，聰明的 J-ROD 卻對軍方控制這種生物所做的種種感到沮喪。兩種生物雖同樣居住於隔離房，但 J-ROD 卻是較自由與較受信任的，它與阿奇科人早已因心靈感應的溝通，而對後者的自由渴望深表同情，它因此設法釋放了阿奇科人，並偷出一把武器供它防身，這也導致了「三號閘門事件」。據稱這把武器是「能量導向裝置」（EDD），它是埃本人贈送給美國軍方的。EDD 位於 S 2 研究室內的一個上鎖容器中。

J-ROD獲得了武器，打開了CBE的房間並將武器交給了CBE。EDD可以被設置為「眩暈」或「殺死」模式。為什麼J-ROD希望CBE保護自己？原因是他希望CBE逃脫並獲得自由。J-ROD意識到他自己永遠不可能有自由，因為他有責任和義務留下來。從這點看J-ROD非常敬業，但他顯然並不覺得CBE需要被收容。

事情過後，J-ROD不再被信任，他被安置在安全性較高的隔離設施，自由也減少了，他的心情逐漸感到沮喪。阿奇科人在經過治療後，被安置在更安全的設施內，並受到埃本人提供給軍方的系統限制，他大約於一年後死於與槍擊事件及其失敗的腦部活動之混合創傷。至於為什麼阿奇科人在脫離隔離室之後會變得不可預測，甚至於殺人？推測是他的大部份時間本來必須生活在「清潔球」中，而他在我們的大氣中只能度過最短時間。因此過度曝露於大氣中，其理智和智慧受到影響。同時它也會導致該生物變得具妄想與迷失方向，並失去進行合理推理、分析和判斷的能力。換句話說，阿奇科人因失去理智或頭腦變得不健全，最後而導致不理性的行動。[58]

另一個因素可能與創傷後應激綜合症（Post Traumatic Stress Syndrome）有關，CBE來自相隔三八點四二光年的恆星系統，它如今來到另一個完全不同語言與文化的恆星系統，且被限制在一個特殊的居住室內。在那裡他受到嚴格的控制（當它試圖離開或不遵守指示時，金屬帶的束縛會使它震驚），他同時無法用人類的語言交流，這可能造成他心理創傷，並令其行為出現不合理。

上文提到CBE-1的頭銜是「訪客」，其實他的實質是名囚犯（Prisoners）。美國政府確實擁有多名外星人囚犯，秘密太空計劃參與人科里．古德（Corey Goode）在一九八六／八七～二〇〇七的二十年服役期間，曾參與攔截審訊計劃，當時凡是未經美國政府（或聯合國）同意入境地球外層空間的外星人，均可能被攔截及逮捕。一般來說，來到地球的外星人有以下數種分類：[59]

- 客人（GUESTS）：受邀請的外星人，經美國政府授權，可留在地球上。
- 訪客（VISITORS）：來地球執行未知任務的外星人。
- 囚犯（PRISONERS）：被美國政府和／或其他政府俘虜的囚犯。
- 研究人員（RESEARCHERS）：為了科學目的來到地球的外星人。
- 入侵者或惡意者（INTRUDERS OR MALEVOLENTS）：對我們的文明是危險的外星人，這些人不尊重我們的社會。
- 中立的外星人（NEUTRALS）：這些外星人只觀察我們的文明，但從不干涉我們。
- 殖民者（COLONIZERS）：決定在我們之間生活（和我們一樣）的一小群外星人。
- 互動者（INTERACTORS）：決定干涉我們的歷史並在可能時進行改變的一小群外星人。

對人類友善的埃本人創造了以上「訪客」層級的兩類灰人，他們用它們來幫助人類進行醫學研究；但對人類具敵意的川塔人創造的灰人混合種族，及其他大部份的獵戶座灰人則不然，他們往往作為爬蟲人的幫兇，對人類具有敵意，甚至綁架人類。

1.6 善於外交的高灰人

高灰人身高六～八呎，有時九呎，每隻手有四根手指，他們是類人生物，很蒼白、非常白，身上沒有任何毛髮。[60]（見照片1-3）高灰人起源於獵戶座，據亞瑟·霍恩（Authur Horn）博士說，高灰人對矮灰人起著監督作用。這些高灰人實際上是執行「外交」任務的外星人，例如他們與人類首腦秘密談判條約。灰人通常被認為是傭兵，尤其是三～五呎的灰人。[61]前海軍情報顧問威廉·庫珀（William Cooper）確認了高灰人所扮演的外交角色，他聲稱他看到的機密文件顯示，高灰人在一九五四年開始的會議上與艾森豪威爾政府進行了協議談判。

一九五四年下半年，大鼻子的高灰人飛行器在地球上空運行，最後降落在霍洛曼空軍基地，他們與美國軍

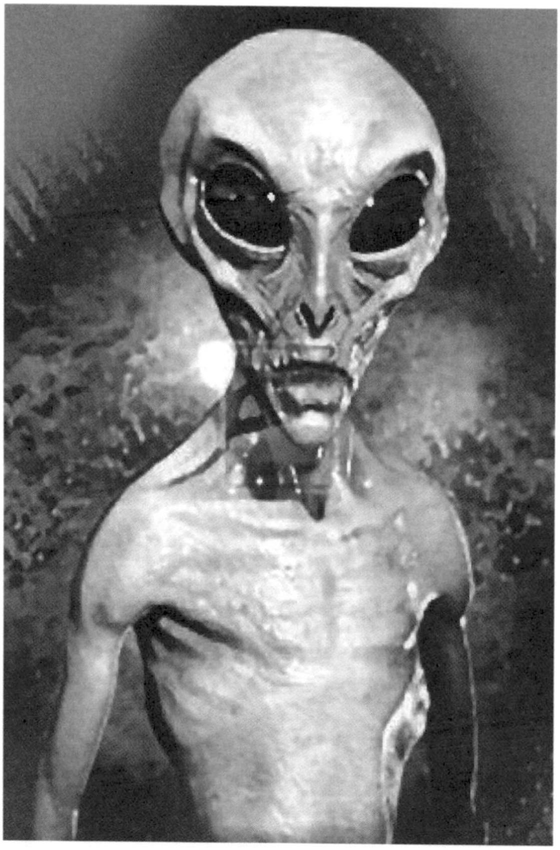

照片（1-3）　高灰人

方達成了協議。這個灰人種族將自己確定為起源自獵戶星座中圍繞一顆紅星的行星，我們稱該行星為「參宿四」（Betelgeuse）。高灰人說他們的星球快要死了，在某個未知的未來時間，他們將不能在那裡生活。[62]推斷，高灰人種族是人類和矮灰人種族結合後的混合種族，代表著人類和灰人生物如何結合的工作模型。因此在協助矮灰人與人類互動中起著引導作用。他們最常參與基因實驗，與「影子政府」建立了混合的人類——灰人種族，並進行思想控制與外交協議。[63]

一九七九年菲爾．施耐德（Phil Schneider）以結構工程師身份受雇於莫里森．克努森公司（Morrison-Knudsen, Inc.），他參與了新墨西哥州道西（Dulce）深層地下基地的擴建工程，因而有機會目睹高灰人的尊容。據施耐德自述，發生於一九七九年道西基地內外星人與人類的戰爭只有三名倖存者，他是其中之一，另外兩名倖存者受到嚴密監視。此外，有FBI特工與「黑貝雷帽」（Black Beret）等六十六名特勤人員在雙方交火中喪生。施耐德將一九七九年軍事衝突的原因描述為，僅僅是由於計劃擴展道西基地的加深鑽探而引起的世故。事實上他對出事原因的理解僅是表面，該處外星人與人類早就有積怨，除此，外星人圈內也有反叛，出事原因極為複雜。

在施工之際，該工程自地表往下鑽深七個層次，達二點五哩。在那個時間點工程人員在沙漠中共鑽了四個不同位置的孔，他們打算將這些鑽孔與地下隧道連接在一起。施耐德 的工作是打鑽探孔，並檢查岩石樣品以做為推薦處理特定岩石的炸藥。在鑽探過程中工作人員不小心鑽到一個大型人造洞穴（這實際上是一個外星人基地），施耐德一行人自上方下抵洞穴，他們突然發現自己處於一個到處都是「大灰人」的大洞穴中，他槍擊了其中兩名大灰人。在那個時刻洞穴中已有三十人下到其中，槍擊行動開始後又有四十多人下到其中，事後總共有六十六名特勤人員在那場交火中喪生。施耐德後來才知道，這些大灰人已經在地球上生活了很長時間……這可以解釋古代宇航員理論背後的許多原因。[64]

以上施耐德關於一九七九年道西戰爭的描述，是出自他於一九九五年五月於愛達荷州郵政瀑布市（Post Falls）MUFON會議上的演講。演講中他向大家證明他胸口上的傷疤，並說，那是被外星人的定向能武器射擊所傷害的，該武器由於其幅射而有致癌風險。[65]邁克爾・薩拉博士認為，道西設施偶然建在古老的外星人基地的可能性很小，這表示施耐德只是部份了解其任務的真實性質及較底層的情況。更有可能的情況是，美國軍方人員利用施耐德等人的打鑽進入道西設施的最底層（第七層），該處早已被外星人隔絕，而這才是造成爭端的最重要原因。[66]

一九九三年在施耐德確信高個子的灰人外星人，策劃一項由聯合國秘密控制的新世界秩序（NOW）後，他辭掉了與軍方有合約的工作。隨後他開始一系列公開演講，披露了他協助建設的地下基地的活動，以及外星種族在滲透國內政府和成為新世界秩序的作用。在施耐德於MUFON會議上作了演講的七個月後（即一九九六年一月），他被發現死於自己的公寓中。施耐德的死亡和他的屍檢報告使得許多人宣稱，他是因公開披露外星人及秘密地下基地的內幕而遭謀殺。

地球上，灰人與人類有恩有怨，兩者之間有述說不完的故事，但不管怎麼說，灰人也是屬於人形生物，他們與人類存在一些共同的基因。然而另一外星種族則不然，他們與人類是兩個絕然不同的物種，其與人類的相處如何？

註解

1. 根據邁克爾・沃爾夫博士《天堂的守望者》一書的外星聯盟分類，並參考 Branton, The Dulce Book: What's going on near Dulce, New Mexico? Copyright 1996, reads.com. Chapter 32：Revelations Of An MJ-12 Special Studies Group Agent. https://www.bibliotecapleyades.net/branton/esp_dulcebook32.htm
2. Branton, The Dulce Book: Chapter 31：Confessions Of An FBI "X-File" Agent. P.358, copyright 1996, reads.com. https://www.bibliotecapleyades.net/branton/esp_dulcebook32.htm
3. Carlson, Gil. Blue Planet Project: The Encyclopedia of Alien Life Forms, Wicket Wolf Press, 2013, pp.45-46
4. Carlson, Gil. The Yellow Book. Blue Planet Project Book #22, Kindle Edition, 2018，pp.90-92
5. 政府稱來自澤塔II的矮灰人為外星生物實體（Extraterrestrial Biological Entities, 簡稱EBEs），但後者稱自己為埃本人（Ebens）。

6. Release #36: The untold Story of EBE #1 at Roswell
http://www.serpo.org/release36.php
7. Space Command-Project Camelot Interviews with Captain Mark Richards by Kerry Cassidy. 2nd Interview with Capt. Mark Richards by Kerry Cassidy on August 02, 2014.
https://www.bibliotecapleyades.net/sociopolitica/sociopol_globalmilitarism180.htm
Accessed 6/26/19
8. Corso, Philip J., Col (Ret.) and Birnes, William J., The Day After Roswell.
Gallery Books (New York, NY), 1997，pp. 34-35.
9. Chris Stonor, The Revelations of Dr. Michael Wolf on The UFO Cover Up and ET Reality. October 2000
https://www.bibliotecapleyades.net/sociopolitica/esp_sociopol_mj12_4_1.htm
10. Ibid.
11. Ibid.
12. 出自 George C. Andrews, Extraterrestrials ɑmong Us (Llewellyn Publications, 1993) 246-247. 轉引自 Michael E. Salla, Ph.D., A Report on the Motivations and Activities of Extraterrestrial Races: A Typology of The Most Significant Extraterrestrial Races. July 26, 2004.

https://www.bibliotecapleyades.net/exopolitica/esp_exopolitics_U1.htm

Accessed 6/17/19

13. Different Typologies of Extraterrestrials,

https://www.bibliotecapleyades.net/vida_alien/alien_typologies.htm#contents

14. Clifford Stone Biography.

https://www.coasttocoastam.com/guest/stone-clifford-7364/

15. Clifford Stone, Alien Races and Descriptions.

https://www.bibliotecapleyades.net/esp_autor_stone.htm#menu

16. 這是據“Alien Races”，https://www.bibliotecapleyades.net/vida_alien/alien_races00.htm 其資料來源見註解 9 與 11，

17. Release #36: The untold Story of EBE #1 at Roswell

http://www.serpo.org/release36.php

18. 美國軍方之所以知道這五類外星人，其資訊完全是由埃本人提供。

Release 23：The ‘Gate 3’ Incident (updated)-A Special Report by Victor Martinez

http://www.serpo.org/release23.php

19. 川塔人對人類具敵意的情報見 RELEASE 27a-Reagan Briefing

http://www.serpo.org/release27a.php

其中川塔人來自的星系愛普利登・埃里達尼（EPSILON ERIDANI）位於「天河」（The Celestial River）中，向南「流向」Achernar。幾乎所有南半球和北半球一半的居民都可以完全看到。目前已經發現一顆行星繞一顆恆星般的星體運行，該恆星體僅在十點五光年外，其強度為三點七。沒有直接拍攝到行星的照片——行星是由它在其母星愛普利登・埃里達尼上產生的引力擺動而被發現的。被探測到的行星被認為是具有類似木星的質量，但軌道稍微靠近其恆星。未知在母星周圍是否存在其他行星。見 Release #36: The UNtold Story of EBE #1 at Roswell: MODERATOR's INTRODUCTORY NOTES FOR "Project SERPO" Release #36

http://www.serpo.org/release36.php

20. RELEASE 27a-Reagan Briefing

http://www.serpo.org/release27a.php

21. http://serpo.org/release34.php

22. Corso, Philip J., Col (Ret.) and Birnes, William J., The Day After Roswell. Gallery Books (New York, NY), 1997，p.292

23. 托諾帕測試範圍（Tonopah Test Range, TTR）是一個受限制的軍事基地，位於內華達州托諾帕東南約三十哩（四十八公里）處。它是內利斯山脈北部邊緣的一部份，面積六二五平方哩

（一六二〇平方公里）。托諾帕測試靶場位於五十一區格魯姆乾湖西北方約七十哩（一一〇公里），與格魯姆湖設施一樣，它是陰謀理論家感興趣的場所，原因是它使用了實驗性和機密飛機。但與格魯姆湖不同的是，這通常不是外星愛好者的焦點。它目前用於核武器儲存可靠性測試、融合和發射系統的研發、以及測試核武器運載系統之用。

https://en.wikipedia.org/wiki/Tonopah_Test_Range

24. Niara Terela Isley, Facing the Shadow, Embracing the Light: A Journey of Spirit Retrieval and Awakening, 1st Edition, Createspace Independent Pub. 2013

25. Carlson, Gil. The Yellow Book. Blue Planet Project Book #22, Gil Carlson. Kindle Edition, 2018, pp.7-10

26. Release #36: The UNtold Story of EBE #1 at Roswell, op. cit.

27. 許多與 ET 接觸的故事都談到了與金髮人的互動。（有時人們也稱他們為「北歐人」），通常說他們很仁慈。實際上，並沒有「一個」所謂的金髮種族。「白膚金髮」人據說是來自以下這些星系：昴宿星（Pleiades）、海德斯（Hyades）、普羅西翁（Procyon）、天倉五（Tau Ceti）和天琴座（Lyra）。實際上，所有這些星系都居住著天琴座白人種族。達爾文（DAL）和烏米特（Ummites）也被稱為金髮人。據布蘭頓說，所有的天琴座白種金髮人都是行星聯合會（Federation of Planets）的成員。然而，應該指出的是，灰人在綁架時有時會利用看起來像金髮的人與被綁架者互動。這些金髮人不是上面提到的金髮人，而是由灰人透過遺傳雜交人工技術創造的灰人／人類混合種族。http://www.exopaedia.org/Blonds

28. Release 34：ALIEN "Spy" Sent Back to Home World by USG! http://www.serpo.org/release34.php

29. Michael Salla, Ph.D., "Extraterrestrials Working with Humans in USAF Classified Programs" July 7, 2018, posted in Featured, Science and Technology. https://www.exopolitics.org/extraterrestrials-working-with-humans-in-usaf-classified-programs/24.

30. Space Command-Project Camelot Interviews with Captain Mark Richards by Kerry Cassidy, 2013-2014. Interview 1: Total Recall-My interview with mark Richards, November 8, 2013。https://www.bibliotecapleyades.net/sociopolitica/sociopol_globalmilitarism180.htm Accessed 6/26/19

31. Eric Mack, Meet the (alleged) aliens of Proxima b. August 25, 2016 https://www.cnet.com/news/the-decades-old-story-of-aliens-from-the-star-system-where-we-just-discovered-an-earth-like-planet/

32. Release #36: The UNtold Story of EBE #1 at Roswell, op. cit.

33. Kasten, Len. Secret Journey To Planet Serpo: A True Story of Interplanetary

Travel, Bear & Company (Rochester, VT), 2013, pp.133-134

34. Kasten, op. cit., p.129

35. Kasten, op. cit., p.119

36. Kasten, op. cit., p.124

37. Kasten, op. cit., pp.135-136

38. 'Alien Races', https://www.bibliotecapleyades.net/vida_alien/alien_races00.htm Accessed 6/19/19

39. Ibid.

40. Branton (aka Bruce Alan Walton). The Dulce Wars: Underground Alien Bases & the Battle for Planet Earth. Inner Light / Global Communications, 1999

41. 托馬斯·埃德溫·卡斯特羅是一九七九年外星人與美國政府在道西附近聯合地下基地的高階安全官，他了解並看到了基地內令人不安的事情。在經歷了許多內心衝突後，他決定放棄自己的職位，並隨身攜帶各種物品離開該設施。離開前他使用小型相機拍攝了多層次地下綜合體內三十多張照片，他又收集了文件，並從控制中心帶走了安全錄影帶，其中顯示了走廊、實驗室、以及外星人和美國政府人員攜帶的各種安全攝影機視圖，這些照片與錄影最終作為道西論文（Dulce Papers）被分發給了公眾。卡斯特羅然後通過關閉的一百多個出口中的一個出口處的警報器和攝影系統，帶著照片與文件等資料逃出地下基地。

"Thomas Castello",
https://ufo.fandom.com/wiki/Thomas_Castello

42. Berkeley, et al., Underground Alien Bio Lab at Dulce: The Bennewitz UFO Papers. 2009, Global Communications (New Brunswick, NJ), pp.93-134
43. https://enacademic.com/dic.nsf/enwiki/2263061
44. Richard J. Boylan, Ph.D., Quotations From Chairman Dr. Michael Wolf Leaked Information From National Security Council's "MJ-12" Special Studies Group Scientific Consultant. 1998. https://www.bibliotecapleyades.net/sociopolitica/esp_sociopol_mj12_4_3.htm
45. Richard Boylan, Ph.D., Within MJ-12 UFO-Secrecy Management Group Reveals Insider Secrets. https://www.bibliotecapleyades.net/sociopolitica/esp_sociopol_mj12_4_2a.htm#official 及 Branton, The Dulce Book: What's going on near Dulce, New Mexico? Copyright 1996, reads.com. Chapter 32: Revelations Of An MJ-12 Special Studies Group Agent, p.386 https://www.bibliotecapleyades.net/branton/esp_dulcebook32.htm
46. Chris Stonor, October 2000, op. cit.
47. Michael Salla, May 20, 2015. Posted in Exonews, Space Programs.

'Corporate bases on Mars and Nazi infiltration of US Secret Space Program.'
https://www.exopolitics.org/corporate-bases-on-mars-and-nazi-infiltration-of-us-secret-space-program/

48. Branton, The Dulce Book: What's going on near Dulce, New Mexico? Copyright 1996, reads.com. Chapter 34 : A Closing Message To The People Of Earth-From An Agent Of The Federation.
http://www.thewatcherfiles.com/dulce/chapter34.htm

49. Richard Boylan, April 19, 2007
Cable Clone Factory Targeted: Underground Facility, Destroyed by Crack Counter Intelligence Team and Crones Rescued.
https://www.bibliotecapleyades.net/ciencia/ciencia_artificialhumans09.htm

50. Branton, The Dulce Book: What's going on near Dulce, New Mexico? Copyright 1996, reads.com. Chapter 31: Confessions Of An FBI "X-File" Agent, p.370
http://www.thewatcherfiles.com/dulce/chapter31.htm

51. Branton, The Dulce Book: What's going on near Dulce, New Mexico? Copyright 1996, reads.com. Chapter 32, op. cit.

52. Branton, The Dulce Book, Chapter 31, p.371, op.cit.

53. Jacobs, David M., Ph.D. The Threat-Revealing the secret alien agenda. A Fireside Book Published by Simon & Schuster (1230 Avenue of the Americas, New York, NY 10020), 1998 (First Fireside Edition 1999), pp.130-133

54. Ibid., pp.166-172

55. Release 23: The 'Gate 3' Incident (updated) ‥ A Special Report by Victor Martinez http://www.serpo.org/release23.php

56. Ibid.

57. 'J-Rod'、 http://www.exopaedia.org/J-Rod

58. Release 23: The 'Gate 3' Incident (updated), op. cit.

59. Carlson, Gil. Blue Planet Project: The Encyclopedia of Alien Life Forms, Wicket Wolf Press, 2013、p.23

60. Michael E. Salla, Ph.D., July 26, 2004. A Report on The Motivations and Activities of Extraterrestrial

Races: A Typology of The Most Significant Extraterrestrial Races.

https://www.bibliotecapleyades.net/exopolitica/esp_exopolitics_U1.htm

Accessed 6/17/19

61. Ibid.
62. Milton William Cooper, May 23, 1989. The Secret Government: The Origin, Identity, and Purpose of MJ-12.
https://www.bibliotecapleyades.net/sociopolitica/esp_sociopol_mj12_1.htm
63. Michael E. Salla, Ph.D., July 26, 2004. Op. Cit.
64. Michael E. Salla, The Dulce Report: Investigating Alleged Human Rights Abuses at a Joint US Government-Extraterrestrial Base at Dulce, New Mexico. September 25, 2003.
https://exopolitics.org/archived/Dulce-Report.htm
Accessed 6/28/19
65. 一九九五年五月，菲爾・施耐德在 MUFON 會議上的演講全文見：Author Orbman, posted On December 28, 2012. 1995 : The Mysterious Life and Death of Philip Schneider
http://www.subterraneanbases.com/the-mysterious-life-and-death-of-philip-schneider/
66. Michael E. Salla, September 25, 2003, op. cit.

第②章 無奇不有的外星人種（二）：操縱人類精英

2.1 地球上的土著爬蟲人

羅伯特・迪恩將地球土著爬蟲人（Reptoids 或 Reptilians）描述為具有六～八呎高，同時嘴巴特別大且內有突出牙齒，每隻腳有三根腳趾及其他爬蟲類特徵的類人生物。[1]例如其眼睛是由成千上萬個微觀層面組成，每個層面都有自己獨立的保護蓋，醒著的時候眼睛幾乎永遠不會完全閉上，平常則棲息於地下的大洞穴內。[2]他們被描述為既起源於地球，又來自其他恆星系統。作家布勒（R.A.Boulay）對各種歷史資料進行廣泛的分析後指出，有足夠的證據支持以下說法：即一個古老的爬蟲類外星人居住在地球上，並在人類創造過程中發揮了作用。[3]（見照片2-1）

根據道西基地前安全官托馬斯・卡斯特羅的說法，道西是一個高度機密的地下設施，涉及與許許多和美國國家安全機構與公司合作的外星種族，基地內爬蟲人、人類和其他外星種族並肩工作，而有些爬蟲人是地球土生，有些則是來自外星。地下設施中外星人的統治階級是爬蟲人，他們是地球上的一個古老種族，生活在地下。爬蟲人認為自己是地球土著，而人類則被認為是地球上的「擅自佔地者」。

卡斯特羅說，作為道西基地的高級安全技術員，他每天須與爬蟲人進行溝通。如果有任何涉及安全性或攝影的問題，他們（指爬蟲人）會打電話給我，通常是爬蟲人的「工人階級」在基地的低層進行體力勞動。[4]卡斯特羅稱，道西的較低級別外星人——人類計劃的主管，對俘虜的平民進行廣泛的人權侵犯行為。有良好聲譽的幽浮研究員威廉．漢密爾頓（William Hamilton）對道西基地的設施以及托馬斯．卡斯特羅的主張及信譽做了研究後，給了很高的評分。[5]

除了漢密爾頓對卡斯特羅給高評分之外，薩拉博士撰寫的一份道西廣泛報告中提到，他說發現的證據與卡斯特羅關於不同的外星人夥同美國國家安全機構和公司，對地下設施人權的侵犯的說法

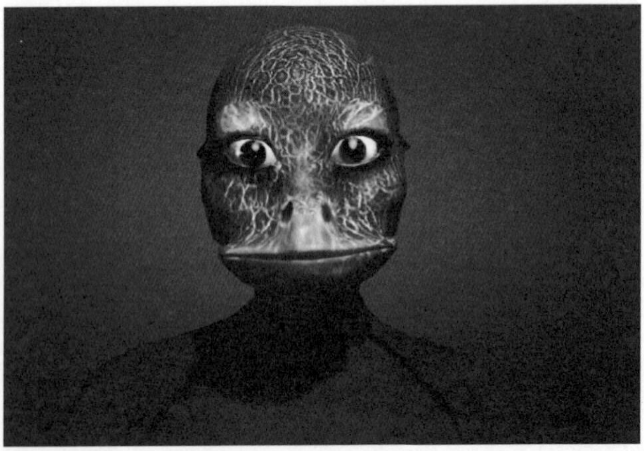

照片（2-1）　埃默里．史密斯（Emery Smith）目睹的爬蟲人插圖。來源 Gaia.com
https://www.exopolitics.org/insider-reveals-more-about-extraterrestrials-working-in-classified-programs/

非常一致。[6]調查記者兼幽浮研究員琳達・莫爾頓・豪（Linda Moulton Howe）採訪了一位名叫吉姆・斯帕克斯（Jim Sparx）的被綁架者，後者聲稱他見過許多地球土著爬蟲人。[7]根據斯帕克斯的說法，土生土長的爬蟲人擁有自己獨特的文化，與人類互動已有數千年之久。

另一名聯繫人（contactee）奧列克（Olek）則聲稱，他曾與女性爬蟲人羅瑟達（Lacerta）見面，並多次採訪她，後來以「羅瑟達文件」的型式分發了訪談內容。據羅瑟達的說法，地球上已進化的爬蟲人不同於定期訪問地球的地外爬蟲人。薩拉博士認為，奧列克的說法雖存在爭議，但其證詞與斯帕克斯及其他有關爬蟲人物種的研究一致，故將他的資料提供以更佳地理解爬蟲人活動是值得考慮的。[8]以下是「羅瑟達文件」的一些內容：[9]

羅瑟達認為，爬蟲人對待人類的態度是謹慎的，原因是他們將人類視為是外星人在地球播種的原始物種。根據斯帕克斯的說法，地球上的爬蟲人以一種不挑戰人類在地球上的存在方式來「收割」（harvest）人類。這說明爬蟲人遵循的是羅瑟達提到的，更強大的外星種族強加於他們不挑戰人類的協議。總而言之，根據迄今為止提到的舉報人與聯繫人的證詞可以歸結，土著爬蟲人參與諸如操縱人類精英和金融機構，影響宗教信仰體系及軍國主義發展和清除人類文明活動等。[10]

前美國空軍外科助手埃默里・史密斯（Emery Smith）宣稱，他在機密設施工作時遇過爬蟲人。他在柯特蘭空軍基地（一九九〇～一九九五，其中一九九二年在公司授權下開始涉及機密工作），以及新墨西哥州的其他機密設施，如白沙（White Sands）和道西，遇到過各種不同的外星人。他在二〇一八年七月十日接受大衛．威爾科克（David Wilcock）採訪時，詳細討論了他在機密設施工作時遇到的爬蟲人往事。[11]

根據埃默里與大衛兩者的討論，爬蟲人自古即已存在於地球，如《摩訶婆羅多》（Mahabharata）和《吠陀經》（Vedas）所描述的古印度歷史分別存在著稱為拉克薩斯（Rakshasas）的邪惡爬蟲族和稱為納加斯（Nagas）的仁慈爬蟲族，後者實際上成了神廟中的神。埃默里提到，爬蟲人認為他們是太陽系和真正孕育太陽系宇宙的第一個種族。[12]

爬蟲人試圖躲避人類和外星人，有證據表示，爬蟲人和灰人事實上有眾多繁殖，他們透過深層地下的多胎繁殖，與道西基地和其他地方的克隆[13]與孵化設施繁殖。以致有些人估計，目前至少有二千萬灰人與其繁殖出來的生物在地下基地或地下洞穴系統內活動。[14]

要強調的是，根據接觸者與被綁架人克里斯塔．蒂爾頓（Christa Tilton）的透露，較矮的灰人一般擔當工人角色，他相信這些人沒有靈魂，他們為一些較高的灰人工作，後者往往是身材較高及更爬蟲化外形的物種（這包括白種膚色的德拉科人）。這些矮灰人沒有靈魂的原因是，大多數雜種灰人是基於沒有靈魂的灰人，或特別是毫無靈魂的爬蟲類的克隆，他們從類昆蟲或類植物的生命形式中吸收了其他遺傳基因。[15]

爬蟲類或灰人為何要克隆其他雜種灰人？原因是他們基本上無法產生能夠自我繁殖的實際雜種，因此他們可能選擇發展出遺傳改變的人類，或克隆其他種族來修補其短處。然而這樣做時，個體的原始靈魂已遭去除或是受抑制，或是仍然保存的可能性也是存在的。因此人們可能需要一種能夠「看到」多色靈魂的靈氣檢測裝置（soul-chakras），以確定該人是否存在靈魂。[16]

2.2 遺傳高手——德拉科尼亞人

據推測，外星爬蟲人（天龍人，見照片2-2）來自以下幾處：[17]

・圖班（阿爾法・德拉科尼斯）【Thuban（Alpha Draconis）】及提豐（德拉科）【Tiphon（Draco）】

・貝拉特里克斯（Ebllatrix）及獵戶座的里格爾【Rigel（Orion）】

・厄普西隆・牧夫座（Epsilon Bootes）

・澤塔網罟座（Zeta Reticuli）

・牽牛星（阿奎拉）【Altair（Aquilla）】

最常見的物種有：

照片（2-2）　德拉科人（又稱天龍人）

·爬蟲人（蛇人）

這種爬蟲人經常被綁架者看到，約六~八呎高，直立，有類似蜥蜴的鱗片、蹼狀四爪、皮膚呈綠色到褐色，其臉孔介於人蛇之間。一些被綁架者描述其臉有些像恐龍。其中央脊從頭頂向下延伸至鼻子，眼睛像蛇般，在瞳孔和金色虹膜上有垂直的縫隙。

·帶翼的德拉科人

有能力飛行（即使不用其翅膀），他們的眼睛又大又紅，據說有不可否定的催眠凝視能力。

·灰人——爬蟲人混種

這是通過多胚胎、卵孵化及/或克隆繁殖而成。

·一種矮小、四~五呎高，據描述看起來像「青蛙臉的蜥蜴」之爬蟲兩棲動物種族。

·橙色雜種種族：具有部份爬蟲人特徵，且具有類似於人類的生殖器官。

最有爭議的舉報人/接觸者報導，他曾涉及一個被稱為「德拉科爬蟲人」的外星主要爬蟲族，據稱他們起源於二一五光年之遙的阿爾法·德拉科尼斯星系，這個星系是德拉科帝國的故鄉，主要是由各種爬蟲人和類恐龍物種組成，但也包括被迫或主動加入的類人物種。帝國最重要的成員分佈在：阿爾法·德拉科尼斯（Alpha Draconis），厄普西隆·牧夫座（Epsilon Bootes），澤塔II網罟座（Zeta II Reticuli），阿爾法小熊座（Alpha Ursa Minoris），大熊座（Ursa Maior），獵戶座里格爾（Rigel, Orion），獵戶座貝拉特里克斯（Bellatrix, Orion），禦夫座卡佩拉（Capella Alpha

Aurigae）與北極星（Polaris）等。[18]德拉科爬蟲人與獵戶座帝國緊密合作，兩方並共享共同的議程。

根據銀河傳說，獵戶座帝國是銀河系中兩個惡名昭著的帝國之一，比獵戶座帝國歷史更悠久的德拉科尼亞帝國自然是另一個。獵戶座帝國是在維加人（Vegan）[19]從事太空探索後不久建立的，與爬蟲人文明相遇後，臭味相投，兩者分享了殖民化、帝國主義和自私主義的共同議程。獵戶座帝國是由爬蟲類文明和類人文明組成，灰人構成了這些爬蟲類文明的大部份，而大部份的類人文明則是維加人的血統。在獵戶座中，大約每六個種群就有一個是爬蟲人種群。[20]

據傳，德拉科尼亞人是遺傳高手，在宇宙中已生存了數十億年，並創造了多個種族，因此他們開始將自己視為某種神靈，並對其他種族形成了絕對優越的態度。他們是主要的控制者，本質上有極大的心智能力，其種族特徵是缺乏對自由意志的尊重。他們征服了獵戶座的主要部份，其在獵戶座中的基礎位於貝拉特里克斯（Bellatrix）系統中。[21]

又名「塔．李維斯克」（TAL LeVesque）的傑森．畢曉普三世（Jason Bishop III）宣稱，他曾在手臂長的近距離內親自觀察爬蟲人。他說，他們有三根手指和一根反向姆指，手指和腳部似爪狀利爪，有小尾巴，眼睛像蛇。他們沒有穿衣服，但身上纏著一條實用腰帶，上面有一些不尋常的設備。其中一個設備是一個橙色小燈，當觸及到該燈時他們會消失；除此，他們也能隨時改變物質密度，有時你聽見地板上傳來他們的沉重腳步聲，但下一秒聲音卻來自牆壁的另一側，似乎他們可任意穿透牆壁。[22]

另一些對德拉科尼亞人的描述是來自《*The Dulce Book-Chapter 27*》，內容如下：巴西的幽浮研究員杰斐遜．索扎（Jefferson Souza）稱，以下的資訊來自一位受美國政府委託的科學家其個人筆記和科學日記，他歷時數年採訪了所有墜機地點，審問捕獲的外星人，並分析從該工作中收集到的所有數據。最終這個科學家因被發現保留了自己發現的個人記錄而遭解僱。以下是這位匿名舉報人收集的有關爬蟲外星人的一些數據：

平均身高：男性兩米，女性一點四米

平均重量：男性兩百公斤，女性一百公斤

平均壽命：男性六十地球年，女性二十三地球年

根據真實姓名為拉爾夫．阿米格隆（Ralph Amigron）的亞歷克斯．科利爾（Alex Collier）的說法，以上的數據應是針對爬蟲人戰士與科學家，而非皇家種姓的恰卡斯（Ciakars）人。就像所有爬蟲人一樣，爬蟲外星人也是冷血動物，他們的體溫只能升高到比周圍環境多幾度，他們平常躲藏在地表下的大洞穴內。這表明「熱」武器如火焰噴射器等是對付這個物種非常有效和致命的武器。他們是卵生的，出生前卵在輸卵管中孵化。爬蟲人眼睛由成千上萬個微觀層面組成，每個層面都有自己的獨力保護蓋。醒著的時候眼睛幾乎不會完全閉上。反之，器官的各個部份則隨著主要光源而一起關閉。[23]

根據科利爾的說法，德拉科人有兩種主要種性，第一種是身高七～八呎的戰士階級，顯然他們

在整個銀河系中因其戰鬥力而受到各方恐懼。第二種是德拉科爬蟲人的「皇家種姓」，即爬蟲人的領導精英階層，科利爾稱為「恰卡斯」（Ciakars）。如果科利爾的說法是正確的，則這個皇家階層的身高、通靈能力和據說有可以折向身體的翅膀（即由長筋骨支撐的皮瓣），可能會與俗稱的龍相混淆，因此他們也被稱為「龍族」，其士兵階層與科學家則不具有翅膀。[24]德拉科人是非常大型的爬蟲類種族，也被稱為"the Dracs"，其皇家階層（即恰卡斯）的高度從十四呎到二十二呎不等，重達一八〇〇磅。他們確實有翅附肢，非常機靈及聰明，也可能非常險惡。[25]

科利爾聲稱，德拉科人的世界觀認為，自己是銀河系中第一個聰明的物種，並以其生物後代播種了許多世界。[26]因此，德拉科爬蟲人將自己視為爬蟲人所控世界（如地球）的自然統治者，並將人類視為劣等物種。德拉科人對收集地球資源感興趣，同時又要確保有效地利用這些資源。德拉科爬蟲族和其他的外星種族間似乎有嚴格的等級制度，根據托馬斯．卡斯特羅的說法，來自阿爾法．德拉科尼斯的爬蟲人（Dracos）指揮著以地球為基礎的爬蟲人。[27]地球上的爬蟲人又控制著高灰人，而高灰人則控制著矮灰人。

杰斐遜．索扎承認一些涉及灰人和爬蟲人間的等級制度確實存在。[28]薩拉博士認為，上述所有外星種族之間似乎有許多相互關聯的協議，這些協議在美國國家安全機構及灰人間具有共同的接口。德拉科人站在軍事—工業—外星人複合體（MIEC）的頂點，控制著與外星人存在相關的訊息與技術。[29]

上文提到的科利爾，自稱是仙女座聯繫人（Andromeda Contactee），他與外星人互動的經驗，揭開了目前正在控制地球的秘密外星種族的面紗。秘密太空計劃局內人馬克．理查茲上尉在受訪時說，仙女座人有數百個種族，所以單一個族群不能代表仙女座人，而且這些族群都有不同的議程。[30]

科利爾曾擔任中央情報局的臥底線人（informant），同時還調查了許多涉及外星人的案件。自從第一次談論他與外星人的遭遇以來，科利爾就一直受到政府的極端監視，許多人認為他和所觀察到的一切聲名狼藉，但一九九四年十月曾視訊採訪過科利爾的薩拉博士對他做為一名「真正的聯繫人」的信譽給予正面的評價。[31]

本節提到與軍工複合體合作的外星人種主要是灰人與爬蟲人，而綁架及可能威脅人類生存的外星人也主要來自他們。至於天狼星人與巨人族，其涉及軍工複合體的活動並不多，他們大部份也不會威脅人類。

2.3 迷戀政治思想模式的天狼星人

天狼星（Sirus）是雙星系統，有A與B兩恆星，距地球八點七光年。[32]它是億萬年以來最早訪問太陽系的外星文明之一，一些尚待證實的理論將其首次訪問地球的時間定為四到五百萬年前，出於科學目的，他們只短期訪問地球。大約在一百萬年前，他們在現在的拉丁美洲建立了第一個永久定居點。多年之後，不僅是天狼星，連天琴座（Lyra）及後來的獵戶座與昴宿星團的住民都一起來殖民地球。[33]

這些殖民潮發生時，天狼星人（Sirians）、天琴座人（Lyrans）和昴宿星人（Pleiadians）一起，透過將他們的某些ＤＮＡ[34]與地球上當時存在較不先進的類人物種的ＤＮＡ混合在一起，最終創造了人類的兩種連續版本。[35]關於此點，秘密太空計劃局內人馬克理查茲上尉在受訪時也說過，「昴宿星人（見照片2-3）為人類貢獻了ＤＮＡ，他們是第一批人類，但他們離開後，就沒有為我們的ＤＮＡ進一步做出任何貢獻」。[36]以上的天狼星人通常高約6½英尺，剪短的金髮，藍眼睛和有著貓眼般的垂直瞳孔。

天狼星系統包括有形和無形的、人形和非人形的，其種族中大多數對人類是友善的，但有少數則是負面物種，他們居於天狼星Ｂ系統，負面的天狼星人被認為是參與統治／控制遊戲的獵戶座組織的一部分。[37]亞歷克斯．科利爾提到一種友善的天狼星文明，他們是居於天狼星Ａ系統（稱為Katavy）的天琴座人／維加人的血統。參與軍工複合體的外星人是來自天狼星Ｂ的人形生物外星人，科利爾對他們相關的描述如下：

照片（2-3）　昴宿星人

天狼星人的膚色有些是灰色的，有長而直的紅髮，他們許多人都穿著遮住其頭部的全身套裝。[38]天狼星B周圍的行星氣候非常乾燥，通常是爬蟲人和水生生物（aquatic-type beings）所居住，社會更加迷戀政治思想模式而非精神屬性。[39]天狼星B的人形種族特徵顯示，他們是來自恆星系統織女星（Vega）的後代。

普雷斯頓．尼科爾斯（Preston Nichols）聲稱自己曾參與涉及許多外星人的蒙托克（Montauk）計劃。一名獨立調查員發現，尼科爾斯是一名非常可靠的舉報人，薩拉博士也給予正面肯定。尼科爾斯說，來自天狼星B的人類曾向參與費城實驗和蒙托克計劃的秘密政府機構，提供諸如時間／跨維度旅行之類的奇特技術。[40]亞歷克斯科利爾說，天狼星B的那些人，是最初為我們政府提供蒙托克技術的人。[41]提供這種奇異技術是為了鼓勵國家安全機構針對可能的地外威脅發展進攻性能力。他說，這項技術援助甚至涉及生物武器研究。[42]

秘密太空計劃局內人馬克．理查茲上尉在受訪時說，土耳其的新發現——哥貝克力石陣（Göbekli Tepe），他說那顯示出與天狼星有很強的關聯，天狼星的一支種族，稱為迦南人或坎尼人（Canan-ites 或 Cannites）（類似這樣的名字），他們看起來基本上像狗，用後腳站立。[43]

作為外星人接口的「高級聯繫情報組織」（ACIO）曾從外星人處交易到生物武器與時間旅行技術，其接觸的外星人很可能包括天狼星B的訪客，據稱後者為蒙托克計劃提供了一些時間旅行／跨維度旅行技術，並協助研究生物武器。天狼星人似乎與做為技術轉讓的主要外星人群體（如灰人與爬蟲人）沒有緊密關係，他們與影子政府的互動似乎是一項獨立計劃，旨在提供替代性的外星技術來源，以應對潛在的地外威脅。[44]

大約二十萬年前，智人（Homo Sapiens）的出現似乎與人類進化的現代理論無關。儘管人類與靈長類動物有明顯的關係，但幾乎沒有化石證據以支持現代人是從其原始親戚自然演化而來。實際上，如果按照化石記錄進行調查，現代型人類是突然出現在地球上，很快就取代了其他欠發達的弟兄。多年來文明的突然出現，尤其是在史前的美索不達米亞地區的文明，也令科學家感到困惑。蘇美爾人（Sumerians）是最古老的文明之一，沒有人能確定他們來自哪裡，因為他們的語言和文化沒有可追溯的來源。他們做了其他人類沒有做過的事情，在公元前三九〇〇年至三〇〇〇年，他們建立了一個藝術和技術豐富的社會，這在有史以來的歷史記錄中從未見過。[45]

至於巨人族阿努納奇（Anunnaki）或尼比魯安人（Nibiruans），據說他們的高度在九～十一英尺之間，在某些情況下甚至是十二英尺，他們作為物種起源的方式，據亞歷克斯．科利爾的說法：很久以前，天狼星B和獵戶座集團的殖民地彼此之間有麻煩；為了帶來和平，他們彼此通婚。女性來自獵戶座集團，那裡的等級制度包括一個皇后——母系體系。男性來自天狼星B。這兩名成員均被視為各自所屬家族的皇室成員。當這兩個人通婚時，他們的後代擁有兩系的遺傳。這些遺傳使得新種族被命名為尼比魯（Nibiru），獵戶座的意思是「分為兩個」。從字面上看，這就是他們——來自天狼星B的人與來自獵戶座系統的人之間的雜交。他們形成了一個新的「部落」，至少在數十萬年中一直在蓬勃發展。因此，他們是一個已經成為種族的部落。[46]

尼比魯會定期回到地球，以確定人類如何有效利用地球資源，以及在管理人力方面外星種族如何有效地發揮其作用。蘇美爾人在由撒迦利亞・西琴（Zecharia Sitchin）翻譯的大量楔形文字中，將巨人族描述為來自地球附近的尼比魯（Nibiru）行星。[47]這些巨大的類人種族顯然構成了主要的「基礎」外星種族，他們是古代神話和宗教所描述的神靈。[48]

根據蘇美爾人的說法，巨人族的主神是Anu，而西琴所描述的萬神殿則構成了這個階級制度的關鍵。巨人族秘密地監督著外星人對人類的管理，其居住星球——尼比魯行星週期性地迫近地球。據科利爾的說法，這就是巨人族（或稱尼比魯人）作為物種起源的方式。

巨人族影響人類進化的傳說有另一則，蘇美爾人流傳巨人族如何從尼比魯來到地球開採黃金的故事。他們很快就厭倦此等繁重的工作，負責醫學的女神尼哈薩格（Ninharsag）將巨人族的基因，與原始猿人或原始人結合在一起，創建了一個原始工人「露露」（Lulu），以減輕巨人族的勞動。露露與巨人族相似，不同於其長毛猿人的祖先。[49]

根據以上所述，薩拉博士的認知是，巨人族的運作方式是讓人類等原始物種在地球表面上繁衍生息，而讓土生爬蟲人這種更高級種族組成一種「行星管理團隊」，以一種為人類服務的方式來收獲人類，而這符合巨人族定期返回地球以評估其「人類實驗」的興趣。因此，巨人族似乎擔當著做為一種監管機構，目的是確保較高端的種族，可以負責任地管理地球資源和整體人類。巨人族與土生爬蟲人的關係是取決於他們在人類方面與對方達成的任何歷史協議。同樣，巨人族也有可能與德拉科人達成，後者如何干預巨人族所建立的「人類實驗」之某種形式的協議。

最後，巨人族的某些成員還可能秘密地留在地球上，據秘密太空計劃局內人馬克．理查茲上尉在受訪時所言，當奧巴馬去向以色列致敬時，迪莫納[50]的地下就是巨人族阿努納奇的基地。[51]因此在建立精英人類組織以管理人類事務方面，巨人族發揮了作用。[52]這些協議和／或對人類精英團體的秘密控制，間接地使阿努納奇成為軍事、工業、地外綜合體的一部份。因此，巨人族的主要活動是通過人類精英團體、系統和機構，以及通過影響人類意識來影響人類的長期進化。[53]

灰人與爬蟲人是外星人中與軍工複合體有密切合作關係的兩個主要種族，其中同是類人生物的灰人與人類的關係更為密切，他們自一九三〇年代以後，曾與北歐人連手或分別參與人類軍工事務，雙方從如何接觸到締結條約，再到如何實質合作，其間充滿了神秘、驚恐與難以置信的傳奇色彩。

註解

1. Michael E. Salla, Ph.D., Revised on January 1, 2005 (First published July 26, 2004) Identifying the Motivations & Activities of Extraterrestrial Races. http://www.tarrdaniel.com/documents/Ufology/extraterrestrial_races.html

Accessed 5/18/2020

2. Branton, The Dulce Book: What's going on near Dulce, New Mexico? Copyright 1996, reads.com. Chapter 31: Confessions Of An FBI "X-File" Agent, p.370
http://www.thewatcherfiles.com/dulce/chapter31.htm

3. R. A. Boulay, Flying Serpents And Dragons: The Story of Mankind's Reptilian Past. Revised And Expanded Edition, 1999, The Book Tree (Escondido, California)

4. Branton (aka Bruce Alan Walton). The Dulce Wars: Underground Alien Bases & the Battle for Planet Earth. Inner Light / Global Communications, 1999. Chapter 11: A Dulce Base Security Officer Speaks Out.

5. Michael E. Salla, Ph.D., Revised on January 1, 2005 (First published July 26, 2004), op. cit.

6. Ibid.
另參見 Michael E. Salla, The Dulce Report: Investigating Alleged Human Rights Abuses at a Joint US Government-Extraterrestrial Base at Dulce, New Mexico. September 25, 2003.
https://exopolitics.org/archived/Dulce-Report.htm
Accessed 6/28/19

7. Michael E. Salla, Ph.D., Revised on January 1, 2005 (First published July 26, 2004), op. cit.

8. Ibid.
9. Archivo Lacerta 1
https://www.bibliotecapleyades.net/vida_alien/esp_vida_alien_09.htm
Accessed 7/12/2020
10. Michael E. Salla, Ph.D., Revised on January 1, 2005 (First published July 26, 2004), op. cit.
11. David Wilcock interviewed with Emery Smith on July 10, 2018
[Note: Emery Smith's interviews on *Cosmic Disclosure* can be found here.]
https://www.gaia.com/lp/emery- smith?utm_source=host&utm_medium=emery&utm_campaign=amblp&utm_content=amblp&utm_term=&ch=st
Accessed on 10/26/2020
12. Michael Salla, July 14, 2018, posted in Featured, Science and Technology, US Politics.
Insider Reveals More about Extraterrestrials working in Classified Programs.
https://www.exopolitics.org/insider-reveals-more-about-extraterrestrials-working-in-classified-programs/
accessed 6/5/19
13. 克隆（cloning）是生命形式的活體複製品，通常是透過將生物體的完整染色體組插入到同一物種的新受精卵中，然後用同一組基因替換另一組基因來實現的，事實上這是一種無性繁殖的方法。有一種說法認為，克隆就像影印本般，印越多，質量越下降。據此，經過數代的克隆，將會喪失很多的原始品質。

http://www.exopaedia.org/Cloning

14. Branton, 1999, op. cit., p.77

15. Branton, The Dulce Book: What's going on near Dulce, New Mexico? Copyright 1996, reads.com. Chapter 25 : Danger Down Under: The Christa Tilton Story. P.252. http://www.thewatcherfiles.com/dulce/chapter25.htm

16. Branton, The Dulce Book, Chapter 31, op. cit., p.370

17. http://www.exopaedia.org/Reptilians

18. Branton, The Dulce Book: What's going on near Dulce, New Mexico? Copyright 1996, reads.com. Chapter 32: Revelations Of An MJ-12 Special Studies Group Agent. https://www.bibliotecapleyades.net/branton/esp_dulcebook32.htm

19. 織女星（Vega）是天琴座中的 α（或最亮）星，它是最早發展出獨特及凝聚身份的天琴文明之一，有助於播種和殖民許多系統，包括牛郎星（Altair），半人馬座（Centauri），天狼星（Sirius）和獵戶座（Orion）。

維加人的身體特徵如下：

(a)標準維加人：身高六～七呎，膚色較黑（有時呈銅色），非白人，黑髮，大眼睛，瞳孔和虹膜較深，有一個眼瞼，血液是深色的。

(b)非人類型維加人：仍然是類人生物（Humanoid）或哺乳生物，但他們的外觀更像昆蟲或爬蟲人，他們有深色皮膚，有時甚至是綠色或褐色。

20. http://www.exopaedia.org/Draconian+Empire
21. ‘Draco’, http://www.exopaedia.org/Draco
22. “Alien Races”, https://www.bibliotecapleyades.net/vida_alien/alien_races00.htm
23. Ibid.
24. Ibid.
25. Michael E. Salla, Ph.D., Revised on January 1, 2005 (First published July 26, 2004), op. cit.
26. Alex Collier, Defending Sacred Ground, Chapter 1.48：The Draconians: A Beginning Dialogue. Transcript 1996 from; http://www.bibliotecapleyades.net/andromeda/esp_andromedacom_1.htm#Transcript%201996
27. Branton, The Dulce Wars, Chapter 11: The Dulce Base Security Officer Speaks Out, 1999, Global Communication

28. 轉引自 Secrets of the Mojave (Creative Arts & Science Enterprises, 1999), authored by Branton https://www.scribd.com/doc/232533/The-Secrets-of-the-Mojave

29. Michael E. Salla, Ph.D., Revised on January 1, 2005 (First published July 26, 2004), op. cit.

30. Space Command-Project Camelot Interviews with Captain Mark Richards by Kerry Cassidy, 2013-2014. Interview 1: Total Recall-My interview with mark Richards, November 8, 2013。 https://www.bibliotecapleyades.net/sociopolitica/sociopol_globalmilitarism180.htm Accessed 6/26/19

31. Michael Salla, Ph.D., Alex Collier Andromeda Contactee October 1994 Video Interview. https://www.bibliotecapleyades.net/andromeda/andromedacom_12.htm

32. 天狼星可能是由三顆恆星組成，但科學界並不完全相信第三顆恆星的存在，因為它在一九二九年才第一次被觀測到。
http://www.exopaedia.org/Sirius

33. Ibid.

34. ＤＮＡ是脫氧核糖核酸的縮寫，它是一種螺旋狀大分子，其編碼分子水平涉及細胞生長和發育的遺傳訊息，ＤＮＡ可說是遺傳訊息的主要儲存庫，所有的生命形式都是基於ＤＮＡ。

http://www.exopaedia.org/DNA
35. http://www.exopaedia.org/Sirius
36. Space Command-Project Camelot Interviews with Captain Mark Richards by Kerry Cassidy. 2nd Interview with Capt. Mark Richards by Kerry Cassidy on August 02, 2014. https://www.bibliotecapleyades.net/sociopolitica/sociopol_globalmilitarism180.htm Accessed 6/26/19
37. Michael E. Salla, Ph.D., Revised on January 1, 2005 (First published July 26, 2004), op. cit.
38. Alex Collier, Defending Sacred Ground, Chapter 1.38 ·· Sirius B Humanoids. Transcript 1996 from; http://www.bibliotecapleyades.net/andromeda/esp_andromedacom_1.htm#Transcript%201996
39. Alex Collier, Defending Sacred Ground, Chapter 6.29 ·· More on Civilizations in Various Star Systems. Transcript 1996 from; http://www.bibliotecapleyades.net/andromeda/esp_andromedacom_1.htm#Transcript%201996
40. Preston Nichols, Montauk Experiments in Time (Sky books, 1999) p.65, 70, 轉引自 Michael E. Salla, Ph.D., Revised on January 1, 2005 (First published July 26, 2004), op. cit.
41. Alex Collier, Defending Sacred Ground, Chapter 5.4 ·· More on the Sirians. Transcript 1996

from; http://www.bibliotecapleyades.net/andromeda/esp_andromedacom_1.htm#Transcript%20 1996

42. Michael E. Salla, Ph.D., Revised on January 1, 2005 (First published July 26, 2004), op. cit.
43. Space Command, Interview 1, op. cit.
44. Michael Salla, February 28, 2014, posted in Exopolitics Research.
"Leaked NSA document confirms online covert deception involves UFOs"
https://www.exopolitics.org/leaked-nsa-document-confirms-online-covert-deception-involves-ufos/
45. Tim Swartz, 1997, Technology of The Gods. From UFO Landing Strip Website, recovered through Way Back Machine Website.
46. Alex Collier, Defending Sacred Ground, Chapter 6.14 ‥ The Nature of Nibiru. Transcript 1996 from; http://www.bibliotecapleyades.net/andromeda/esp_andromedacom_1.htm#Transcript%20 1996
47. Zecharia Sitchin, The 12th Planet: Book 1 of the Earth Chronicles. Simon & Schuster, 1991
48. Zecharia Sitchin, Genesis Revisited: Is Modern Science Catching Up With Ancient Knowledge? Simon & Schuster,2002
49. Tim Swartz, 1997, op. cit.

50. 迪莫納（Dimona）是以色列內蓋夫（Negev）沙漠中的一座城市，位於貝爾謝巴（Beersheba）東南部三十公里（十九英里）、死海以西三十五公里（二十二英里）處，及位於以色列南部地區阿拉瓦（Arava）山谷上方。https://en.wikipedia.org/wiki/Dimona

51. Space Command, Interview 1, op. cit.

52. Jim Marrs, Rule by Secrecy: The hidden history that connects the Trilateral Commission, the Freemasons and the Great Pyramids. Perennial, 2001

53. Michael E. Salla, Ph.D., Revised on January 1, 2005 (First published July 26, 2004), op. cit.

第③章

外星人又回來了！他們的重要任務

一九四七年，據稱由阿爾伯特・愛因斯坦（Albert Einstein）和羅伯特・奧本海默（Robert Oppenheimer）撰寫的一份長達六頁的備忘錄，列出了與外星人和平互動的一般原則，這對不明飛行物陰謀論壇和網站的讀者來說是一個明確的跡象，他們認為外星人至少在這一年或早於這一年跟政府已有所互動。

一九四八年，一份幽浮學的軍事情報原始文件——〈情況估計〉（*Estimate of the Situation*）得出的結論是，一連串不明飛行物目擊事件只能是外星性質的。

一九五〇年代，二戰後晶體管、雷射器、光纖、微芯片、超導體和碳纖維等材料和通信技術的蓬勃發展，應該感謝誰？根據菲利普科索（Philip Corso）的書《羅斯威爾之後的日子》所載，這些都是從外星飛船逆向工程得到的。

一九六五年，一位自稱是國防情報局退休官員的匿名消息人士概述了羅斯威爾之後的交換計劃，該計劃於一九六五年將十二名美國人從內華達州的試驗場送往外星人的家園——賽波（Serpo）。一九七八年返回的七人被關押在軍事基地六年。

一九八三年，政府消息人士概述了一個故事，稱灰人透過操縱這個星球上已經進化的靈長類動物的DNA，對我們的生物進化負責。DNA操作的不同時間間隔被指定為二五〇〇〇、一五〇〇〇、五〇〇〇和二五〇〇年前。原本，政府認為灰人不會對我們造成傷害，但在一九八八年出現的情況恰恰相反。不管怎麼說，外星人又回來了，而這一次返回他們是否仍維持初衷，或懷有其他意圖？

一九八三年，許多人認為里根總統的戰略防禦計劃（Strategic Defense Initiative）或星球大戰導彈防禦計劃的製定，不是為了抵禦蘇聯的核攻擊，而是為了抵禦外星人的入侵。

那麼，外星人來到地球後他們住那裡？利弗莫爾物理學家亨利迪肯（非真名）在比爾瑞恩與卡西迪的訪問中證實了許多海底基地的存在〔而顯然外星人多住在這裡〕。[1]

3.1 一位老祖母因持有外星遺物而慘遭嚴刑拷打

有些人的猜測並不算離譜，外星人確實早已來到我們星球，對美國政府而言他們不僅是威脅，同時也是機遇。但不管是威脅還是機遇，政府都有足夠的理由封鎖幽浮相關消息。雖非做到滴水不漏，但卻是盡其所能。例如二〇〇六年十月六日卡米洛計劃的比爾・瑞恩在對利弗莫爾物理學家亨利・迪肯（非真名）進行採訪時，後者提到，國家氣象局（National Weather Service）的雷達報告被噴槍，因此某些雷達圖像無法發布。他的意思不是手工噴漆。而是使用軟體對雷達圖像進行電子過濾，其中一些雷達痕跡是巨大的。此外，天氣雷達不會記錄移動速度超過某個特定高速（每小時幾千英里）的痕跡。但仍有痕跡需要清除。[2]

又如一位年邁的祖母為了取回宇航員尼爾・阿姆斯特朗（Neil Armstrong）送給她已故丈夫的月球岩石，而受到政府特工的身體虐待和心理折磨，她警告那些可能擁有羅斯威爾不明飛行物文物的人：「他們會因此而殺了你。」

喬安・戴維斯（Joann Davis）和她已故的丈夫羅伯特・戴維斯（Robert Davis）都為航空航天承包商羅克威爾國際（Rockwell International）工作將近二三十年之久。不久前，她和現在的丈夫都被美國宇航局（NASA）調查員、酒精—煙草—槍支和爆炸物管理局（BATF）特工和加州河濱縣（Riverside）警方在一次為了取回她擁有數十年的岩石的刺殺行動中受傷。採訪中，戴維斯老太太講述了她因為不惜一切代價從特工手中回收月球材料所承受的詭計、恐嚇和毆打等可怕經歷。[3]

來自亞利桑那州普雷斯科特（Prescott）（前加利福尼亞州埃爾西諾湖，Lake Elsinore）的喬安・戴維斯指責美國宇航局官員錯押了她的丈夫、以及羅克威爾國際的阿波羅計劃工程師羅伯特・戴維斯（Robert Davis）在他去世前留給她從月球上獲得的遺留物。一九六九年，第一個在月球上行走的太空人阿姆斯特朗將月球材料的碎片（以及一塊阿波羅十一號隔熱罩）送給了羅伯特。

喬安・戴維斯坐在丹尼（Denny）餐廳的展位上，在那裡她遭到肢體攻擊，二〇一一年喬安陷入困境並試圖出售她的月球岩石。她聯繫美國宇航局，以了解她可以如何著手並希望了解其價值。一位美國宇航局官員回覆她說，他想與她見面，討論材料和潛在的銷售。他們在當地的丹尼餐廳見面。

接下來發生的事情讓情況變得緊張。有五名執法人員，一名名為「康利」（Conley）的NASA調查員及酒精—煙草—槍支和爆炸物管理局（BATF）特工和當地縣警察來到她的展位。一名軍官抓起月球材料（用泡沫包裹），掐住她現任丈夫的後頸，將他的胳膊背在身後束縛著他。接著一名特工拉著喬安的胳膊，把她拉出展台。他們把她單獨帶到餐廳停車場。

根據喬安的說法，他們在那裡「猛烈地撞擊」她，對她尖叫了兩個多小時，要求她交出她擁有的所有材料。在對抗中，特工嚴重擦傷了她的手臂和尾椎。出於恐懼，喬安小便在自己的褲子裡。他們不讓她換衣服，所以她穿著濕褲子站在那裡。喬安當時七十多歲，身高四英尺十一英寸。後來她自己開車到急診室接受檢查。直到今天，她的肩膀和背部都因這事件而感到神經疼痛。她覺得她有永久性損傷，對她的心理影響也是終生的。

當喬安回到家時，她發現她的丈夫和特工在一起。特工們揮舞著槍支，進一步恐嚇這對夫婦。他們說他們知道她有更多的材料。他們要求她的丈夫打開辦公室的保險箱，並在家附近四處尋找更多的宇宙岩石。當他們什麼都沒有發現時，就離開了。

喬安聘請了一名律師並對 NASA 起訴，他們最後在庭外和解。八個月前，喬安因被不當搜查和扣押、非法監禁和不當拘留而收到十萬美元，政府不承認有對其進行身體虐待。

當作者安東尼布拉加利亞（Anthony Bragalia）告訴喬安，這故事聽起來與一九四七年羅斯威爾的那些人所講的故事相似，後者說他們被恐嚇，因而交回當年幽浮墜毀事件中，回收到的類金屬的碎片時，她分享說：「如果有人有這樣的材料，他們會因此殺了你。相信我。如果有必要，他們會殺人滅口。」

她對任何擁有羅斯威爾金屬碎片的人之建議是：「公開上市，領先於政府。如果你出了什麼事，人們就會知道是政府幹的。」

她補充說，她和她的丈夫在羅克威爾的阿波羅計劃中工作了很多年。她說：「那裡有些人知道羅斯威爾墜機事件，我相信這確實發生過。」

政府為了取回羅斯威爾牧場主和兒童收集的外星人碎片，而進行身體虐待的說法不勝枚舉，這些都不是危言聳聽，早在一九四七年羅斯威爾墜毀之初即見端倪。

3.2 心狠手辣的「冰人」——為墜毀飛船上的寶物而奮不顧身

惡名昭彰的「地獄天使」第三〇三炸彈部隊一名二戰軍官的女兒說，她的父親後來與情報部門和萊特菲爾德（Wright Field）有聯繫。一九四七年七月上旬，他在那裡被指派恐嚇目擊者並使目擊者保持沉默，他並從新墨西哥州羅斯威爾附近墜落的外星飛船上取回私人持有的所有碎片。他的暴力行為甚至可能導致一些人死亡。

晚年，亨特佩恩（Hunter Penn）擔心他讓人們保持沉默的使命，可能會導致死亡後的最終沉默。他試圖堵住那些看到不該看到的東西的人，並試圖強行取回墜機的任何實物證據，包括市民或牧場主持有的不尋常合金或記憶金屬碎片等。

亨特·佩恩的親生女兒米歇爾（Michelle）說，她的父親是一個生性殘忍的人，也是一個重度酗酒者。他要求高，身體強壯，是一個非常聰明的人，也許是聰明到瘋狂的地步。服役後，亨特在一次「槍擊事件」中失去了一隻手臂。亨特沒有選擇裝義肢，而是選擇一個看起來很危險的鉤臂，一個爪子。

米歇爾不知道父親告訴她這段歷史，是為了要嚇唬她，還是讓她進入一種終生尊重和服從的狀態，還是為了擺脫他的心理負擔，或者兩者兼而有之。一九五〇年代初期，她無意中聽到了母親艾薇（Ivy）和她父親之間的談話，談到了他曾後悔在他服役期間發生的一件事。這是關於他對事故的了解以及他掩蓋事故的角色。此外，亨特本人曾告訴米歇爾：

・他是分配給案例名稱的小組的一員。其中之一是羅斯威爾案，他的目標是確保航天器的碎片及讓墜毀的宇宙飛船，和來自另一個世界的乘客的各類機密都不外露，而企圖讓周遭人們保持沉默。他還說，不服從他的人將不得不面對他使用武器的恐嚇。亨特是武器狂，他最喜歡的武器是鋒利可以揮動的武器，比如冰鎬（他因此獲得了「冰人」的綽號）。他揮舞著一把鎬，瘋狂地向那些蔑視他的人揮去。然後他們照他的命令行事。

・他會用那把鎬打開建築物和容器，直到一直阻撓的人最終交出碎片材料並發誓他們永遠不會對任何人說任何話為止。

・一段時間後，亨特會為自己的所作所為而哭泣。用米歇爾的話來說，「他說他們被授權使用任何必要的手段，他們做到了。但他們也很精神崩潰和想自殺。」就連心狠手辣的亨特在講述他的羅斯威爾任務時也流露出激動的情緒。

・亨特甚至可能殺人。他說，他揮舞斧頭的行為可能讓人們「心臟病發作」致死。頗具壓力，尤其是突如其來的壓力，會誘發易感個體的心臟病發。這就是為什麼人們從不害怕心臟病患者的原因，這麼做可能將導致他們結束生命。亨特・佩恩現在擔心他會給羅斯威爾那些不願受教的人帶來一種結局。

另一個強硬的二戰退伍軍人讓羅斯威爾的人們對墜機事件保持沉默——一九四七年羅斯威爾的城市經理 C.M. 伍德伯里（C.M. Woodbury）。

伍德伯里在二戰期間被稱為「鐵少校」，他無疑是一個嚴肅的人。他還與羅斯威爾陸軍航空兵基地指揮官布奇・布蘭查德（Butch Blanchard）關係密切。伍德伯里和亨特・佩恩一樣，領導著一支特別殘暴的軍隊。伍德伯里指揮七五二坦克營，這是一個類似地獄天使的單位。《星條旗》（The Stars and Stripes）日報一九四四年九月十九日版讚揚伍德伯里驚人的「克勞特殺人數」（Kraut kills）。

儘管伍德伯里沒有對任何人進行身體上的恐嚇，但他確實在事故發生後拜訪了羅斯威爾市消防局。大約十年前，其中一名消防員史密斯（J.C. Smith）告訴作者兼研究員凱文・蘭德爾（Kevin Randle），伍德伯里突然進來並告訴他們，如果他們聽到城鎮北部發生墜機事故的消息，就不要出去。伍德伯里對他們非常堅定地說：「什麼都不需要回應，一切都在『掌控之中』」。軍方僱用了一個當地人如消防局和警長喬治・威爾科克斯這樣的人來充當「好警察」，而他們使用像亨特・佩恩這樣的人作為「壞警察」，實際上是用武力威脅以符合法規。[4]

二〇〇六年十月六日卡米洛計劃的比爾・瑞恩在對利弗莫爾物理學家亨利・迪肯（非真名）的訪問中，他問及外星人的存在問題。亨利說，一九七〇年代初（時間約在一九七二年底至一九七三年早期）他在加州蒙特雷（Monterey）東南偏南九十英里的亨特・利格特（Hunter Liggett）工作，當時他的主要站點是 Fort Ord。當時他在軍隊中，並在作戰發展司令部所屬實驗司令部（Combat Developments Command Experiment-station Command，簡稱 CDCEC）工作。

他們在那裡測試實驗性雷射武器，目標是野外環境中的各種材料，為了方便，他們住在現場。他們很多時候都戴著雷射防護護目鏡，且經常調整他們的眼睛，以檢查視網膜是否有燒傷。一些田野裡的牛甚至戴著改裝過的護目鏡！這是你能想像到的最奇特的景象。

有一天他們在測試時發生了一些事情。突然間一個圓盤（直徑約一百英尺，高約二十五英尺。大約相距一五〇～二〇〇碼遠）不知從何處進入該區域並盤旋，它就在他們正前方的一片田野中盤旋。有人用當時正在測試的空軍實驗雷射射擊它。主要的雷射系統被包含在一輛稍作修改的M－35二點五噸，稱為"Deuce and a Half"的卡車後面。他們擊落了那該死的東西。

圓盤被捕獲，機內乘員也被逮捕，亨利非常簡短地看到了這一切。他們是小孩子般的人形生物，沒有頭髮。他們的眼睛很小，不是杏仁狀的大眼睛（按：因此不是埃本人或本書提到的其他經典灰人）。他們活著且身體是健康的，隨即被轉移到位於加州肯辛頓（Kensington）正東的蒂爾登公園（Tilden Park）附近山上的耐克（Nike）基地。這一切發生得非常突然與快速，讓所有相關人員都感到非常震驚。[5]

亨利想沒有人知道這件事，據他所知，它沒有出現在互聯網上。大多數目擊者最終在越南，許多人也被殺。他可能是見證事情的唯一活證人。故事其餘的情節出現在一部名為《波長》（*Wavelength*）的科幻電影中，該電影於八〇年代初發行。

比爾說，這令人難以置信。他從來沒有聽過這種事件。外星人航天器敢於如此大膽地隨時闖入人類生活圈而無所忌憚，原因之一是他們可能以為人眼看不到它們。但據亨利的說法，它們通常在光學上雖是不可見，但常會出現在雷達上。它們在紫外線下也是可見的，而他認為這並非人們普遍知道的。[6]

據亨利的敘述，似乎各種類型的外星人都對人類的科技進展很有興趣，且似乎早就來到地球。

現在的故事是幾個層面的大騙局之一：灰人特洛伊木馬——風格的操縱和謊言，欺弄了至尊十二並因此與他們結盟了四十餘年。政府釋放對不明飛行物主題的虛假訊息，以維持與灰人的協議不受公眾監督；對被綁架者的謊言；灰人持續綁架人類和動物，以獲取酶、血液和其他組織細胞以滿足自身的生存需要；以及灰人種族和北歐人種的基因混合，使灰人與人類的交流變得更加容易。

從事實看，灰人只關心他們自己的生存，而這需要來自我們星球上其他生命形式的生物物質。灰人之所以如此關注這一點，顯然是因為他們缺乏正式的消化管道，而且他們直接透過皮膚吸收營養和排泄廢物。他們從人類身上獲得的物質與過氧化氫混合後併塗在他們自己的皮膚上，從而吸收所需的營養。由此推斷，一些針對他們的武器可能是朝著這個方向發展的。

沃爾夫博士認為，幾個外星文明聯合會正在以鬆散協調的方式拜訪我們，包括：[7]

- 聯盟：來自牛郎星天鷹座（Altair Aquila），具有人類外觀的外星人。
- 公司：來自澤塔網罟座系統的類人種族（按：許多人因其外形而稱其為灰人，沃爾夫博士說，其實他們是類人種族的後代）。
- 世界聯合會（Federation of Worlds）：來自許多恆星系統的未指定種族。
- 來自獵戶座恆星系統的聯合種族。

秘密太空計劃局內人馬克．理查茲上尉在受訪時說，今天地球上至少有兩個主要的星際種族聚會場所，一個在英國，一個在智利南部。智利的聚會場所經常被爬蟲人的地震武器襲擊。英國的聚會場所位在一個著名的城堡裡，這是主要的聚會場所。現在該城堡改成了萊斯特（Leiscester）太空指揮中心，雖然此後這裡沒有那麼多的會議，但仍然比公眾意識到的要多得多。[8]

下文略述一些外星種族訪問地球的詳情，及有關他們的傳奇：

3.3　跨出和平的第一步——外星人與美德的協議

二〇〇八年七月二十三日在英國的克朗（Kerrang）廣播節目中，阿波羅十四號登月艙的美國宇航員埃德加．迪恩．米切爾告訴全世界，有五百多名目擊者告訴我們，另一個世界的幽浮於一九四七年在新墨西哥州的羅斯威爾墜毀的消息實際上是在講真話。政府掩護幽浮和外星人訊息的收集就從那時開始，一直接續到今天。來自其他世界的生物也曾多次拜訪過我們，其中一些是他在NASA服務期間所了解的內幕，然而這些事件也被隱瞞著。[9]

米切爾的陳述雖然駭人，但他的說法仍然保守了點，事實上外星人拜訪我們星球並非自一九四七年開始，而是已有數千年或甚至於萬年的歷史了。另據艾森豪威爾總統的孫女——勞拉．艾森豪威爾（Laura Eisenhower）透露，溫斯頓．丘吉爾（Winston Churchill）是首先與德拉科爬蟲人達成協議的人。[10]

一九三四年七月十一日外星人與美國政府領導人之間的第一次會面是在巴拿馬巴爾博亞（Balboa）港的一艘美國海軍艦艇上舉行的，會議參與的雙方分別是美國總統富蘭克林・羅斯福與來自獵戶座星系的小灰人，這些灰人實際上是做為阿爾法・德拉科尼斯（Alpha Draconis）星系爬蟲人的代表，並受後者控制，這些小灰人本質上並不符合人類最佳利益。

與堅持維護憲法的誓言相較，羅斯福對獲得外星技術更感興趣。他與小灰人締結了一項秘密協定（因從未被參院批准，自然是非法的），允許灰人不受阻礙地進行人類綁架，以進行其遺傳學計劃，並藉此換取高科技。從人類利益及長期效應看，羅斯福的做法只能說是短視近利，但話說回來，外星人形勢比人類強，當時的美國軍力有能力拒絕外星人的要求嗎？何況就算外星人不與美國簽約，他們找其他國家合作也並不難。

一九三四年初昴宿星人試圖與羅斯福總統達成協議，將提供經濟和社會方案，以幫助地球變成一個天堂，唯一的條件是美國必須放棄戰爭並著手一項裁軍計劃，羅斯福拒絕了。此後昴宿星人找希特勒，並同意給希特勒一些技術，前提是後者答應不攻擊猶太人。

納粹獲得了一些技術，但卻沒有兌現其承諾，昴宿星人在一九四一年退出了雙方簽訂的條約。此後，灰人與阿道夫・希特勒政府接洽，他們與其簽訂了類似於羅斯福簽訂的條約。但希特勒獲得了更好的協議，灰人將不綁架德國的雅利安人，只有集中營裡的人才能被綁架。一九三四年美國與灰人簽訂的條約於一九四四年續簽，只有極少數人知道這些秘密條約，它們每十年更新一次。知道這些秘密條約的人在德國、英國和美國的總人數可能不超過二十人。

分別於一九三〇年代與美國政府簽訂條約及一九四〇年代與阿道夫・希特勒政府簽訂條約的獵戶座小灰人，他們與來自澤塔網罟座星系的小灰人本質有所不同，儘管兩者外觀相似，高度也差異不大。一九四二年二月二十五日凌晨，珍珠港事件發生幾個月之後，數艘身份不明的碟形飛機飛越洛衫磯縣，引發了空襲警報，探照燈和防空大炮的炮火鎖定這些飛行器近一小時，但飛行器卻毫髮無傷，最後飛走了。《洛衫磯時報》和其他報紙的報導稱該次事件為「洛衫磯之戰」。大約同時間，美國海軍在聖地牙哥以西的大海中打撈了一艘墜毀的飛碟。在飛碟內發現了兩具澤塔網罟座人（直到後來他們才知道其來歷），這些飛碟和屍體被帶到俄亥俄州代頓（Dayton）萊特・帕特森空軍基地的外國技術處（Foreign Technology Section），並由 Retfours 特別研究小組進行研究。

一九四二年三月五日，一份寫給羅斯福總統的最高機密備忘錄解釋了美國海軍如何回收一艘不明身份的星際飛碟。陸軍參謀長喬治・馬歇爾（George Marshall）下令對這艘墜毀的飛碟進行研究，並在陸軍G—2情報局內創建了一個高度機密的單位，稱為「星際現象單位」（Interplanetary Phenomenon Unit, 簡稱 IPU）。這時海軍副部長詹姆斯・福雷斯特（James Forrestal, 一八九二～一九四九）和艾森豪・威爾將軍也被告知飛碟的回收情況。

戰爭初期曾在海軍情報局（The Office of Naval Intelligence）任職的約翰・甘迺迪（JFK）則是福雷斯特的好友，一九四五年他陪同已升任海軍部長的福雷斯特訪問歐洲，旅程中後者將回收飛碟的事情告知甘迺迪，並囑咐他要保守秘密。幽浮研究員威廉·斯坦曼（William Steinman）於一九八四年五月透過資訊自由法案（FOIA）的申請，證實了IPU的存在，它於一九五〇年代末解體後，其所有記錄被移交給美國空軍特別調查辦公室（AFOSI）。[11]

自一九三四年的巴拿馬巴爾博亞港會談之後，時隔二十年美國政府於一九五四年再度與外星人進行會談，這次的會談及後來所簽訂的新條約，美國政府似乎均處於被動的角色，這說明簽約時兩者並非站在齊頭點。此外，在一九五四下半年新墨西哥州霍洛曼空軍基地的協議之後，一九六四年四月二十四日在同一個地點附近的白沙（White Sands）又有一次外星人（埃本人）的正式登陸，[12]大多數人將此事件稱為「霍洛曼登陸」，而且也都同意確實有這一次登陸，只是未能確定這是否為首次登陸？

3.4 外星人對地球人的耳提面命：停止互相殘殺、停止污染地球、停止掠奪自然資源，並學習和睦相處

秘密太空計劃局內人馬克·理查茲上尉認為，我們在與外星人訂約的過程中放棄了自己的權利。[13]為何美國政府於一九五四年與外星人簽約時，雙方並非站在齊頭線？原因是雙方的軍事科技存有巨大落差。一九五二年七月有大量不明飛行物在華盛頓特區上空飛越，且持續了好幾天，成千上萬的居民都看到了，故事和照片刊登在報紙上，四個月後前五星將軍德懷特·艾森豪威爾（Dwight

D. Eisenhower）當選為美國總統。隔年初當他取代杜魯門之際，他聽了幽浮、至尊十二及外星相關的簡報。

一九五三年一月，中央情報局科學情報辦公室（the CIA's Office of Scientific Intelligence, 簡稱 OSI）奉令確定幽浮是否為星際飛行器，OSI 召集了羅伯遜科學家小組（Robertson Panel of Scientists），該小組確定不明飛行物可能構成國家安全威脅。該小組建議，擴大空軍對幽浮的研究，或者換句話說擴大對藍皮書項目（Project Blue Book）的研究。此外，小組建議啟動向公眾淡化幽浮現象的計劃，這是因為他們擔心公眾對外星訪問的訊息將對社會產生不穩定的影響。

羅伯遜小組的建議自然也維護了梵蒂岡的利益，畢竟 CIA 的創建與梵蒂岡有密切的關係，梵蒂岡對 CIA 和美國的政策具有相當大的背後影響。[14] 幽浮訊息的公開化將削弱梵蒂岡的自身使命，尤其是埃本人擁有可以看到過去（如透過黃皮書）的能力，並可能因此證明基督教的創建不是基督本意。二〇一三年十一月，卡米洛計劃的凱瑞．卡西迪採訪正蹲聯邦監獄的馬克．理查茲上尉，後者說他確實證實，當時實際管理梵蒂岡的是一群爬蟲人（Reptilians），而當時的新教皇則是一名納粹份子。納粹透過 DNA，與爬蟲人派系有關聯。[15]

自從羅伯遜小組做了以上建議之後，幽浮的主題在受控的主流新聞媒體和政府中被嘲笑和淡化。此外，國家安全委員會下成立了心理策略委員會（The Psychological Strategy Board, 簡稱 PSB），以協調政府部門內的心理戰策略。PSB 還經常對美國公眾揭穿幽浮的虛偽。一九五三年九月二日PSB被功能更強大的運作協調委員會（Operation Coordinating Board, 簡稱OCB）取代，後者繼續揭穿幽浮，直到一九六一年二月十八日甘迺迪總統的一〇九二〇號行政命令正式廢除了該組織為止。

前文提到，艾森豪威爾上任之初了解了幽浮和外星情況。起初他擔心至尊十二和星際現象單位（IPU）的機密保密問題，遂於一九五三年一月二十四日成立了政府組織諮詢委員會，他聘請納爾遜・洛克菲勒（Nelson Rockefeller）為委員會主席。洛克菲勒向艾森豪威爾轉告了他關於重組國家安全局（NSA）以保護至尊十二秘密的建議，且建議至尊十二應由CIA局長領導。

洛克菲勒做以上建議的目的是在確保至尊十二持有更大的自治權，可以免受總統的任職和政治程序不確定性的影響。至於至尊十二的工作場所應該安置在何處較適當？若依原來辦法繼續安置於萊特・帕特森，但由於它是一個軍事基地，因此將被繼續置於美國總統控制下。而美國總統的任期僅四年到八年，這將導致安全上的漏洞。

一九五五年，至尊十二遷徙到五十一區旁帕浦斯山（Papoose Mt.）另一側，位於格魯姆湖西南約十哩處的帕浦斯乾湖床處，一處稱為S－4的地方。它深藏在帕浦斯山內部，有許多地下設施。第一層是秘密飛機和飛碟，被安置於機庫中，從外面看像是山的一部份。機庫的門可以打開，飛機或飛碟可以從山內飛出來。第二層是用餐和會議區。第三層安置了至尊十二人員。第四層安置了外星人。第五層是一個潔淨室實驗區，外星人和人類在那裡共同致力於各種機密技術和遺傳學研究。

CIA對五十一區的安全負有全責，並對誰可以使用那裡的設施進行全面控制。CIA計劃局（Directorate of Plans）擁有將外星人技術轉移到S－4的資源和人員，其反情報部門確保這麼做不會有任何洩漏。現在處於S－4設施的外星人其相關資訊已經完全保密了，甚至連美國總統都不知道五十一區發生了什麼事，更不用說是比鄰的S－4了。

至尊十二遷移到S－4後，艾森豪威爾總統將會後悔總統職位與至尊十二的脫鉤，此後他更難以知道外星人計劃的進展。為了知道五十一區內（五十一區與S－4因是隔鄰，籠統上將五十一區的範圍包含S－4）外星人事務的進展，一九五八年CIA特工和他的老闆被召喚到橢圓形辦公室，總統面囑他們到S－4設施打探外星人計劃（詳情見《傳奇（首部）：§6.1》）。

且說軍工複合體的秘密部份（即與其合作的公司）正在與CIA和外星人合作，執行著美國總統幾乎無法控制的方案。與艾森豪威爾相比，未來的總統們甚至更沒有能力去發掘S－4設施正在發生的事情。因此有效的至尊十二及與其合作的公司，將變得超出美國憲法政府的控制範圍。在艾森豪威爾的告別演說中，他因此警告軍工複合體的危險。

另據海軍情報局威廉庫珀（Milton William Bill Cooper，一九四三～二〇〇一）的說法，一九五三年時有幾艘大型的外星飛船進入赤道上方的地球軌道。通過西格瑪計劃（Project Sigma）的電子通訊，美國軍方與外星飛船之間建立了聯繫。接著，美國政府透過柏拉圖計劃（Project Plato）企圖與這個外星種族及其他種族的外星人建立外交關係。但在這些事發生之前，另一個外星人組織已搶先和美國政府召開了會議，會議前後的情節敘說如下：

艾森豪威爾任職總統一年後的一九五四年二月二十日（星期六）晚上至二十一日晚上，在休假前往加州棕櫚泉（Palm Springs）時，他神秘失蹤了一段時間。這位別名「艾克」（Ike）的總統在一些將軍及前赫斯特報業集團（Hearst Newspapers Group）的記者富蘭克林・艾倫（Franklin Allen）、洛衫磯天主教樞機主教（一九四八～一九七〇）詹姆斯・麥金泰爾（James McIntyre）、邊疆科學研究協會（Borderlands Sciences Research Associates）的杰拉爾德・萊特（Gerald Light）、布魯金斯研究所（Brookings Institute）的埃德溫・努斯（Edwin Nourse）與前總統杜魯門的顧問及其他人的陪同下，秘密訪問了加州沙漠的穆羅克機場（Muroc Field），後者於一九四九年更名為愛德華茲空軍基地（Edwards AFB）。

艾森豪威爾總統突然訪問穆羅克機場所為何事？據秘密太空計劃局內人馬克・理查茲上尉說，他當時會見了三組外星人。一組稱為石像鬼（Gargoyles），雖然他不是這麼稱呼他們的。他稱他們為食屍鬼（Ghouls）之類的東西，或者他們的名字聽起來有點像……（地精 Goblins），他們拿這個種族開玩笑。其他兩組，也許還有北歐人（Nordics）和爬蟲人（Reptilians）。他說，那些人就是當時在那裡的人。[16]

以上總統隨員名錄中的杰拉爾德・萊特是南加州地區著名的形而上學社區領袖，而埃德溫・努斯博士（一八八三～一九七四）是總統經濟顧問委員會（一九四四～一九五三）的第一任主席，他也是杜魯門總統的首席經濟顧問。努斯於一九五三年正式退休，對可以向艾森豪威爾政府提供經濟機密建議的人來說，他當然是一個不錯的選擇。如果努斯博士出席了這樣的會議，這麼做是為了提供他的專業知識，了解首次接觸與外星人可能帶來的經濟影響。

至於麥金泰爾樞機主教，他擁有足夠的等級和職權，可以代表社區領袖組成的代表團，以代表天主教教會和宗教團體。新聞記者富蘭克林．艾倫當時八十歲，是一本書的作者，該書指導記者如何處理國會委員會的聽證會，對於適於保密的新聞界人士來說，艾倫出席會議將是一個不錯的選擇。以上四位代表宗教、精神、經濟和報紙界的高級領導人，在年齡和地位上都非常先進。對於社區代表團來說，他們無疑是合理的選擇，他們可以就可能涉及公眾參與的地外種族的首次會議提供保密建議。

當艾克於第二天早晨在洛衫磯的教堂禮拜出現時，白宮新聞祕書詹姆斯．哈格蒂（James Haggerty）告知記者，總統前一天晚上吃炸雞時前牙出了問題，須接受緊急牙醫修復。總統於二十一日凌晨才回到家，牙醫隨後於二十一日當晚的一個宴會上露面，他以治療艾森豪威爾總統的牙醫身份出現。但一九七九年牙醫的遺孀受訪時卻說，她無法回想起有關其丈夫與據稱最有名的客戶的記憶，總統在夜晚的失蹤隨即引發了謠言，稱艾森豪威爾利用所謂的牙醫探訪作為與外星人會面的掩飾。根據威廉．摩爾（William Moore）對事件的調查後得到的結論是，牙醫的訪問被用作艾森豪威爾真實下落的掩飾故事。[17]結果，艾森豪威爾整整失蹤了一個晚上，該晚他很容易從棕櫚泉被帶到附近的穆羅克機場。

艾克失蹤所為何事？自然與他的神秘會議有關。當時在進入外星人會議區之前，以上所有陪同出席的人必須在限制區度過六個小時，特別人員在那段時間內對他們的生活、信仰及其他事務進行全面詢問。本來這次艾森豪威爾與外星人會面的事情及會議相關的情節是保密的，但最後終於曝光的原因是：杰拉爾德·萊特於一九五四年四月十六日寫給《邊疆科學研究協會》的主管米德·萊恩（Meade Layne）的一封信透露了會議的玄機，這就是這次會議的概況被透露給一些政府無法控制的機構及人物的原因。

萊特是南加州地區著名的形而上學社區領袖，他是社區領導人代表團之一，他和其他人在代表團中出席的目的，據稱是檢驗公眾對外星人出現在地球的反應。在致萊恩的信中，萊特提到以下奇怪語句：「我忘記了『實物』去物質化是多麼平常這件事，早已經是我自己的想法。乙太（etheric）、靈體或身體的來來去去對我是如此熟悉，這些年來我已經忘記了這種表現可能會折斷一個沒有那種能力的男人的心理平衡。我永遠不會忘記在穆羅克那四十八個小時！」又說「為期兩天的訪問中，在乙太人（Etherians）的幫助和允許下，我看到空軍官員正在研究和處理五種不同類型的飛機！我無話可說。」[18] 以上的「乙太人」是杰拉爾德對昴宿星人的稱呼。

據杰拉爾德的透露，當時穆羅克機場有五艘外星飛船降落，其中兩艘是雪茄形飛船，三艘是碟形飛船，當時艾森豪威爾就在現場。從飛碟內部走出了幾位星際訪客，他們會見了艾森豪威爾總統及其隨員。外星人與地球人類之間的溝通使用著外星人準備的翻譯設備，外星人說他們來自昴宿星，他們看上去很像地球人類，身體高大（約六～七呎或兩米），有藍色眼睛與白皙皮膚和一頭長長的金髮，由於其長相類似北歐斯堪的納維亞人（Nordic-Scandinavians），後來軍方稱他們為「北歐人」（Nordics）。據稱，幽浮學家喬治・亞當斯基（George Adamski）被認為是於一九五〇年代中期首先與北歐外星人接觸的人。

電氣設備在這五艘外星飛船附近不起作用，因此會議是用四台相機拍攝的，每三分鐘必須倒捲一次。天主教主教詹姆斯・麥金泰爾主持會議，他想知道 ET 的宗教信仰。北歐人告訴他，每個宇宙都有上帝，他們有耶穌基督的真實記載。他們說新約的前四章福音書有誤，耶穌在十字架上倖免於難，且活到老年。他們還說火炙靈魂的地獄不存在，而且像「復活」（resurrection）這樣的概念只是教會的發明，其目的是賦予牧師更多的權力和影響力。

軍事將領們對所有這些宗教演講都感到不耐煩，並希望討論外星人的技術。因此外星人通過在每個人的眼前消失，然後重新出現來展示自己的才華。他們並且要求會場一些人用手舉起飛碟，當他們輕鬆地抬起飛碟時，會場中的人們對此印象深刻。軍人希望昴宿星人向他們展示其技術是如何運作的，後者拒絕配合，並說地球上的人們在精神上還不夠進化，無法處理他們擁有的東西。他們還警告說，地球上的人們正在走向最終摧毀自己的道路。昴宿星人還警告艾森豪威爾有關地球赤道高空軌道上的外星人（即大鼻子灰人），指出他們的動機將不利於人類。

因此，值得注意的是，僅在一九五四年的一年內，艾森豪威爾總統在愛德華茲空軍基地內就與外星人會面兩次，先是與來自昴宿星的北歐人會面，並無簽訂條約，其次是與灰人（也包括其他種族的外星人）會面，簽訂了條約。

昴宿星人並要求美國停止所有核試驗，因為這對地球生態系統會構成威脅，並對其他維度會造成破壞性的影響。此外，他們也要求艾森豪威爾儘快讓公眾知道外星人與地球接觸的事情。總統回答說，人們還沒有做好準備。會議結束後，麥金泰爾前往梵蒂岡面見教皇皮埃十二世（Pope Pious XII），並告知後者關於美國總統與外星人秘密會晤的事情。書面手稿和影片記錄被存儲在梵蒂岡圖書館，他還告知美國紅衣主教史派曼（Cardinal Spellman）和科迪（Cardinal Cody）兩人有關以上的事情。

一九五四年二月於愛德華茲空軍基地的第一次外星人訪問，除了當事人杰拉爾德．萊特是一名直接的重要人證外，其他間接人證如下：

首先威廉．庫珀是一名可靠的證人，一九七〇~七三年間他為太平洋艦隊司令部海軍情報局簡報隊服務，並接觸到為履行其簡報職責而必須進行審查的機密文件。他描述了與外星人「首次聯繫」的背景和性質：

「一九五三年，天文學家在太空中發現了向地球移動的大型物體。人們最初認為它們是小行星。後來證明，這些物體是宇宙飛船。

西格瑪計畫（Project Sigma）攔截了外星人的無線電通信。當這些物體到達地球時，它們在赤道周圍佔據了很高的軌道；有幾艘巨大的飛船，其實際意圖未知。西格瑪計畫以及一個新柏拉圖計畫（Project Plato）通過無線電及使用計算機二進制語言進行的通信能夠安排其降落，從而與來自另一個星球的外星生物面對面接觸。

柏拉圖計劃的任務是與這一外星人種族建立外交關係，與此同時，一群看似人類的外星人聯繫了美國政府。這個外星人團體警告我們，防範在赤道軌道上飛行的外星人，並願意幫助我們進行精神發展。他們要求我們拆除和銷毀核武器，他們拒絕交換技術，理由是我們在精神上無法處理當時擁有的技術，他們認為我們會使用任何新技術互相摧毀。這個種族表明我們正走在自我毀滅的道路上。我們必須停止互相殘殺，停止污染地球，停止掠奪地球的自然資源，並學習和睦相處。這些條件引起了極大的懷疑，特別是核裁軍的主要條件。人們認為，面對明顯的外星人威脅，滿足這一條件將使我們無助。在歷史上，我們也沒有任何幫助。裁軍被認為不符合美國的最大利益，提案即遭到拒絕。」[19]

庫珀版本的重要意義在於，人形外星人不願參與可能有助於武器開發的技術交流，而是專注於精神發展。而且庫珀認為在一九五四年下半年，分別有兩套會議涉及與艾森豪威爾總統及／或其政府官員舉行的不同外星人的會議。值得注意的是，這些外星人的提議被拒絕了。其次，在第一次訪問時外星人與艾森豪威爾的會面，美國海軍陸戰隊退役中士查爾斯·薩格斯（Charles L. Suggs）

在一九九一年的一次不明飛行物研究人員訪談中敘述了他父親的經歷。他同名的父親——前美國海軍司令查爾斯薩格斯（Charles L. Suggs，一九〇九～一九八七年）參加了一九五四年二月二十～二十一日艾克與ET的會議。小薩格斯說：

「他的父親於二月二十日陪同艾克總統和其他人一起。他們與兩個有著淡藍色眼睛和無色嘴唇的白髮北歐人見面並交談。說話的人離艾克僅幾步之遙，也不讓他再靠近。第二個北歐人則站在雙凸形飛碟的延長坡道上，該雙凸形碟停在三腳架起落架上，據小薩格斯說，艾森豪威爾會見了兩名藍眼睛的北歐外星人，第三名外星人則站在門附近守望。會議過程在禮貌氣氛中進行，艾森豪威爾本想與外星人締結一項條約，但他不同意ET對於我們單方面停止核武器發展的要求。這些訪客說他們來自另一個太陽系，他們對我們的核試驗提出了詳細的問題。」[20]

艾森豪威爾不同意ET對於我們單方面停止核武器發展的要求，主要是擔心這是為了使地球上的政府解除武裝，從而讓外星人更容易入侵的策略，因此他拒絕了對方的要求。這些外星人在該次會議（即「首次與艾克的接觸」會議）中沒有簽訂任何條約，但後來的第二次會議確實達成了協議，這顯然成為後來涉及與外星種族秘密互動及簽署的《格雷達條約》（The Greada Treaty）的基礎。[21]

另一位「舉報人」是李爾噴氣機的著名創造者威廉．李爾（William Lear）的兒子——約翰．李爾（John Lear），後者確認「首次接觸」所涉外星人種族因其在技術轉讓方面的原則立場而遭總統拒絕。約翰．李爾是前洛克希德 L-1011 TriStar 的機長，這是一種美國中遠程寬體三發動機客機。

約翰·李爾曾駕駛一五〇多架試驗飛機，及保持了十八項世界速度的記錄，並且在一九六〇年代末、一九七〇年代和一九八〇年代初擔任中央情報局的約聘飛行員。李爾與中情局局長（一九七三~一九七六）威廉·科爾比（William Colby）建立了密切的關係，而威廉·科爾比在成為中情局局長之前負責越南的秘密行動。據李爾說，在最終簽署協議之前，確實有來自其他外星種族的警告，他聲稱他們訪問了穆羅克/愛德華茲基地，並發生了以下事件：

「一九五四年，艾森豪威爾總統在穆羅克測試中心（現稱為愛德華茲空軍基地）會見了另一個外星族群的代表。這位外星人建議，他們可以幫助我們擺脫灰人，但艾森豪威爾拒絕了他們的提議，因為他們沒有提供技術。」[22]

約翰·李爾並未說明以上資訊來源，但猜測可能是其朋友威廉·科爾比透露給他的。另有一個重要的舉報人證詞值得一提，他說早在一九五四年，艾森豪威爾政府與來自澤塔網罟座的灰人就簽署了一項條約（不知這項條約是否與一九五四年二月二十日至二十一日簽署的合約是同一份？）根據沃爾夫博士的說法，艾森豪威爾政府與來自澤塔II第四行星的灰人外星人簽署了該條約。但該條約從未按照憲法的規定批准。曾在艾森豪威爾政府的國家安全委員會任職的軍官菲利普·科索上校寫道：「只要我們無法與外星人交戰，我們就無法與他們進行談判。他們之所以主導了這些條款，是因為他們知道我們最擔心的是披露（disclosure）」。[23]

24號註解所列是訪客（the Visitors）在一九五四年的「首次聯繫」會議之後，再度來到地球，並與美方人員直接聯繫上的日期。[24]

3.5 外星人至地球的重要任務

前美國陸軍指揮軍士長（Command Sergeant Major）羅伯特・迪恩（Robert Dean）在一處美國主要軍事指揮部的最高司令部情報部門工作時，可以接觸到最高機密文件。在迪恩長達二十七年的傑出軍事生涯中，一九六三～一九六七年期間他曾在歐洲聯合力量最高總部（Supreme Headquarters Allied Powers Europe, 簡稱 SHAPE）任職，在那裡他在歐洲最高盟軍司令官的領導下，依指示閱讀有關幽浮／外星人的活動及其對蘇聯與北約關係的影響之詳細研究報告，該研究於一九六四年出版，標題為《評估：對歐洲盟軍可能造成軍事威脅的評估》[25]。

迪恩親眼目睹了這些文件，其中一份的標題是《宇宙最高機密評估》，這描述了外表看起來像人類的外星人就生活在我們之間，他們確實迫使北約（NATO）的海軍上將和將軍們發狂，因為他們確定曾反覆看過這些人，並與其接觸……，這些人看起來跟我們很像，他們可以坐在飛機上或餐廳裡緊挨著你，而你永遠不會知道其中的區別，這一點困擾了將軍和海軍上將。這些聰明的實體可以參與我們的活動，在 SHAPE 的走廊上走來走去，在五角大廈的走廊裡走來走去。這些傢伙甚至可能在白宮走動，北約高層人士對此感到困擾。[26]迪恩並聲稱：

「後來與艾森豪威爾政府互動的外星人團體並不只北歐人，總共有四組外星團體，灰人是其中之一，而另一個團體的人看起來和我們很像……，另外兩個團體，其中之一高六～八英尺，有時高九英尺，他們是人形生物，非常蒼白，身體上根本沒有毛髮。另一群有爬蟲類特質的人，我們遇到過，全世界的軍人和警察都遇過這些傢伙，他們的眼睛有垂直瞳孔，皮膚看起來很像蜥蜴肚子上的表皮，以上四組團體是至一九六四年所知道的外星族群。」[27]

迪恩在北約總部讀到了北約關於外星人的秘密評估，北約的研究確定了當時訪問地球的四種不同外星文明。沃爾夫博士說，他見過「同樣的評估」。[28]

古德說，多年來他受雇於專在地球上空搜尋外星人的攔截和訊問計劃。[29]攔截計劃將識別滲透到人類社會中的外星人，並將其帶入訊問。古德說，他的任務是找到他們在地球上的任務，並在審訊期間探詢外星人的任何欺騙行為，而使用的強制方法包括酷刑等。有趣的是，在「入侵者、攔截和審訊」計劃中，他們處理的生物只有約10％到15％是具有「外星人外觀」，……大多數人看起來都很人性化。古德描述了一個外星人滲透到公司中的例子，在過去的十年中，他已經晉升到高級管理人員的職位。[30]

古德目睹的事情帶給他內心深深的創傷，他說他需要尋求援助，以處理他所記得的事件的創傷。[31]他在給薩拉博士的電子郵件中提到，他們（指人形生物）的技術都是神經系統接口技術，他們用來幫助他消除痛苦和黑暗記憶結合的負能量裝置很有趣，這就是他們所說的「光環」（Halo）。光環看起來像是用黃金製成的，但卻像羽毛一樣輕。當他們把它放在自己的頭頂上時，就像頭被磁鐵吸引一樣，光環會被吸在頭皮／頭骨上。他們看著這浮動的角撐架，而與之保持著精神上的互動⋯，許多人以為他們是外星人。[32]

一九五四年二月二十日至二十一日在愛德華茲空軍基地舉行的「首次聯繫」會議，考慮到冷戰的激烈程度，出席會議的國家安全官員可能已經決定，在同意外星人的要求之前，尋求更好的條件是比較謹慎的做法。萊特的證詞暗示，在愛德華茲舉行的會議並未達成協議，卻導致了艾森豪威爾官員之間的強烈分歧。

一九五四年五月艾森豪威爾總統的 CIA 局長沃爾特史密斯（Walter Bedell Smith, 一八九五～一九六一）、荷蘭的伯恩哈德親王（Prince Bernhard of Lippe-Biesterfeld, 一九一一～二〇〇四）、大衛洛克菲勒（David Rockefeller, 一九一五～二〇一七）和其他世界頂級金融家、後來的美國國務卿迪恩魯斯克（Dean Rusk, 一九〇九～一九九四）、後來的英國國防部長丹尼斯希利（Denis Winston Healey, 一九一七～二〇一五）及其他西方列強領導人等共同召集了「畢德堡集團」（Bilderberg Group）成立大會，這個組織不久成了西方集團管理世界秩序的新工具。

威廉庫珀說，畢德堡集團最初成立的目的，是考慮外星人可能入侵的情況下，西方菁英團體勢必須制定一套旨在保護地球的計劃，但此種計劃在維護國際秘密方面卻遭遇到很大困難，因此須要建立一個外圍團體來協調和控制國際努力，以使機密不致因新聞界對政府的正常審查而曝光，其結果是形成一個稱為「畢德堡集團」的秘密統治機構。[33]

畢德堡議程早期的提案之一是有關外星人接觸。事情經過如下：在集團成立後不久，它與另一個致力於世界管理的國際政策機構——「外交關係委員會」（Council on Foreign Relations，簡稱CFR）合作，他們共同討論了人類如何適應外星人存在的問題。畢德堡集團與外委會這兩個組織都是「新世界秩序」（New World Order，簡稱NWO）計劃組織的一部份，它們在一九五〇年代中期共同決定與來自四四四光年外金牛座（Taurus）昴宿星（Pleiades）的人形外星人達成協議，昴宿星在法屬波利尼西亞（French Polynesia）的一個島嶼擁有地球上的基地，他們可在島上的土著之間自由行走。[34]

以上的安排提供了一種監視彼此以及交流彼此文化的方式，當NWO認為時機合適時他們將介紹來自昴宿星的訪客給公眾。顯然，對地球政府而言，此種安排是一種正在進行的實驗。據前國安局（NSA）線人透露，又稱北歐人的昴宿星人自地球之初以來就一直居住在我們這個星球。他說當官方宣布外星人存在時，他們將是首批被介紹給地球人類的人，他們將被當做駐地球的外交使團。[35]

值得一提的是，與外星人接觸一事美國政府從來就不曾缺席，以下情節雖然缺乏至尊十二的文件證實，但一些人認為美國政府與灰人之間存有秘密協議。根據該協議，美國政府將允許公民被綁架，條件是他們（被綁架人）不受到傷害，且事後他們將被送返，及他們也不會記得遭綁架這件事情。交換條件是：美國政府將獲得外星人高度發展的技術。目前尚不清楚該協議是於一九五四年上半年二月二十日於愛德華茲空軍基地，或該年下半年於霍洛曼空軍基地，或一九六四年（四月二十四日或二十五日於霍洛曼空軍基地）達成。[36]

雖有多位的「人形外星人」見證人，但無疑地，最重要的證詞應是來自以下即將提到的俄羅斯前總統（二〇〇八～二〇一二）德米特里梅德韋傑夫（Dmitry Medvedev）。他說，他獲得一份關於生活在我們之間的人形外星人，及一個監視地外訪客的國際組織的最高機密訊息。依他的說詞，除了帶有核密碼的公文包之外，他還獲得了一個特殊的絕密文件夾。此文件夾完整地包含有訪問過我們星球的外星人的訊息。除此之外，梅德韋傑夫還獲得一份絕對機密的特殊服務報告，該特殊服務的目的是在對俄羅斯領土上的外星人實行控制。為了怕引起恐慌，他不願說明有多少人形外星人在俄羅斯走動。

梅德韋傑夫提到的「絕對機密的特殊服務」似乎與古德的「入侵者攔截和訊問」計劃非常相似。古德說該計劃在如何對待被捕獲的外星人方面可能是殘酷的，那些被捕但屬於允許進入地球的似人外星團體，依照協議的規定將被釋放。另外那些未經許可逗留地球的人將遭到嚴厲的審問，並移交給一個名為「星際企業集團」（ICC）的跨國公司組織。其中一些移交給 ICC 的人最終死亡，其屍體則在類似於埃默里．史密斯（Emery Smith）工作過的機密設施中接受檢查。[37]

埃默里．史密斯除了常規的軍事任務外，他還在一家管理公司的機密計畫中工作，在那裡他檢查了從非人類實體中所提取有大約三千個組織樣本。他說他研究了大約二五〇個外星人屍體。史密斯提供了文件證明他作為外科急救員的培訓和服務（服務證卡「美國柯特蘭空軍醫院外科／永久

6817」），這使他成為他所描述事件的可靠目擊者。到目前為止，大眾媒體對史密斯驚人的揭露反應是一致的沉默。甚至連幽浮研究界在很大程度上也迴避了史密斯的證詞，儘管他提供了所有證明他的軍事和醫學背景的證據。[38]

史密斯在流行的媒體節目《宇宙披露》（*Cosmic Disclosure*）中接受一系列的採訪時說，當他在高度機密的設施，如柯特蘭空軍基地、桑迪亞國家實驗室、洛斯阿拉莫斯國家實驗室和其他軍事設施工作時，遇到了生活在人類中的人形外星人。他說，除了他受公司派遣在美國軍事設施進行的機密計劃中，遇過這樣的外星人外，他最近還被告知，目前有多達十萬名人形外星人生活在地球上。在過去的採訪中，史密斯討論如何從看起來像人的外星人屍體中提取其細胞組織，並與一些參加已故同胞屍體解剖的外星人一起工作。

二〇一八年八月七日的採訪中，史密斯進一步描述了他從簡報中了解到，滲透地球文明的外星人的知識。他說，大約在一九九七年，當他意識到正待解剖的外星人屍體仍然很溫暖時，他毅然離開了機密計劃。他開始懷疑其中一些屍體是最近才去世的，他們大概是被執行該計劃的公司所折磨和殺害的。[39]

為何外星人同意留下其同胞遺體供人類解剖並進行研究？史密斯說，這顯然與軍工複合體（military-industrial complex, 簡稱 MIC）及外星人間的交易有關，他說 MIC 提供外星人日常用品，外星人將需要開始為 MIC 的產品「支付」一些東西給 MIC。在他們之間沒有貨幣兌換。相反的，我們看到了一個易貨系統（barter system）。你將一件有價值的物品換成另一件也被視為有價值的物品。由於各種原因，一些外星群體可能比其他外星群體更容易獲得某些商品。

顯然，「MIC」多年來一直收到的主要付款方式之一，是來自整個銀河系的外星人屍體樣本。出於顯而易見的原因，這被視為非常有價值。只有這樣，我們才能真正弄清楚「動物園裡究竟有誰」，並對潛在敵對種族的弱點有所了解。埃默里似乎是數以千計的秘密軍事雇員之一，他們對屍體進行了解剖，這些屍體被作為「報酬」提供給MIC。[40]

一九五四年上半年美國政府與外星人之間似乎除了會面與溝通外，一事無成。同年下半年早已在地球軌道繞行的大鼻子灰人外星種族，突然降落在新墨西哥州霍洛曼空軍基地（Holloman AFB），他們與美國政府達成了基本協議。（按：大鼻子灰人應非突然降落於霍洛曼空軍基地，他們與美國政府是如何搭上線的？見後文說明。）這個外星種族介紹自己是起源於獵戶座中一顆圍繞紅巨星的行星，我們稱該紅巨星為參宿四（Betelgeuse），距地球六四二點五光年。

大鼻子灰人說其星球快要死了，在某個未來未知的時間，他們將無法在那個星球繼續生存。[41]除此，他們是一個正在滅絕的種族，正面臨著生育問題，他們希望透過與人類的基因剪接實驗，來普遍解決他們的問題。這個群體提出提供他們的技術，以換取他們自己在地球上的基地。他們也希望能夠對少數幾個人進行基因測試，但不要求美國放棄其原子武器或放棄戰爭。這樣的說法讓艾森豪威爾心動了，他決定與灰人簽下秘密的《格雷達條約》。

據威廉·庫珀，美國政府與灰人雙方達成共識，前者將在地下建造基地供外星人使用，並建造另外兩個基地供外星人和美國政府共同使用，技術交流將在共同佔領的基地進行，這些外星人基地將興建在猶他州、科羅拉多州、新墨西哥州和亞利桑納州等四個角落地區的印弟安人保護區地下，而其中一個基地將建在稱為「夢境」（Dreamland）的地區。[42]夢境是位在加州莫哈韋沙漠（Mojave desert）附近的一個地方，或者在一個叫絲蘭（Yucca）的地方，更可能是在絲蘭谷（Yucca Valley）。至於以上地下基地的分佈與確切的地點後來變得更清楚了。[43]

布蘭頓認為，許多消息來源稱，外星人堅持在這些特定地區的地下建基地的原因是，他們實際上並非全來自其他星系，而是源自地球，並已在地下深處佔住了數個世紀，最近就住在美國西南部這些區域之下的洞穴。那時，政府中的多數人都認為，這些基地是專門為雙方聯合行動的人而建立。事實上這些在很大程度上，早已經是遭蜥蜴種族（saurian race）控制的實際地下系統的「掩蓋區」或「前沿地」。這可以解釋為什麼這些「聯合」基地的許多人類工作人員都被高度隔離了，及為什麼許多人沒有意識到下層正在發生的事情。甚至當別的上層工作人員聲稱有這樣的下層存在時他們仍然如此。為什麼越深入地下層基地，安全措施往往就會大大增加，也同時降低人類的影響力？及為何蜥蜴─爬行動物─灰人等在基地的較深層，其影響力則越大？[44]

灰人被賦予一處位在新墨西哥州賈卡里拉·阿帕奇（Jicarilla Apache）印弟安人保留地的道西市（Dulce）附近的地下基地，而另有些灰人則被帶到內華達州印地安斯普林斯的地下基地、五十一區與S－4設施。道西基地位於道西市附近的阿丘萊塔台地（Archuleta Mesa）地下約二點五哩處，它是美國首個政府與外星人生物遺傳學聯合實驗室。在NSA與CIA的控制下，該實驗室的保密措施非常嚴厲。該基地有七個層次，較上層由人類控制，較下層由灰人和爬蟲人聯合控制。

據威廉．庫珀讀到的文件，所有外星人所在地區其地下基地的上層部份都在海軍部門的完全控制之下，所有在這些綜合體工作的人員都由通過分包商（subcontractors）從海軍收到支票，但支票從未提到政府或海軍的官方名稱。自從政府與外星人雙方簽訂條約後，基地的建設立即開始，但進展緩慢，直到一九五七年才有資金投入使用。這時一九五四年建立的「紅光計劃」（Project REDUGHT）早已啟動，軍方開始進行外星飛船的試飛試驗。代號五十一區的內華達州格魯姆湖成立了一個超級秘密機構，負責反向工程與武器測試，參與工作的所有人員都需要獲得“Q”通關證，並且須要執行官（稱為MAJESTIC）的批准。諷刺的是，連美國總統也沒有進入五十一區的通行證。

外星人的基地和技術交流實際上發生在一個代號為「地上夢鄉」（Dreamland above ground）的地區，地下部份被稱為「月球的黑暗面」。庫珀說，至少有六〇〇名外星人實際上在此站點全職工作。陸軍成立了一個超級機密組織，旨在為外星任務計劃提供安全保障，該組織隸屬於設在科羅拉多州卡森堡（Fort Carson）的國家偵察組織（The National Reconnaissance Organization）。它擁有一支經過專門培訓以確保計劃安全的三角洲（Delta）特種部隊。[45]

3.6 《格雷達條約》：艾森豪威爾總統與高灰人的協議

據庫珀，一九五四下半年，美國與外星人雙方除了達成基本協議外，雙方還一致同意，只要條約仍然有效，每個國家都將接受對方的大使。雙方還進一步同意，該外星人國家與美國將彼此交換十六名人員，以相互學習。外星人訪客將留在地球上，人類訪客將在一段特定的時間裡旅行到外星人地點，再返回，這時將進行反向交流（註：這顯然是指「賽波計劃」）。電影《第三類親密接觸》（*Close Encounters of the Third Kind*）是對這一事件進行戲劇化重演，愛倫海尼克博士（Dr. J. Allen Hynek）擔任電影的技術顧問，由他來決定誰為誰工作。

庫珀說，他在海軍服役時讀到的最高機密報告，包含描述外星人問題真相，標題為「咒怨計畫」（Project Grudge）的正式版本，這是由胡倫中校（Lt. Col. Friend）及 CIA 資產——海尼克博士所共同撰寫。庫珀承認，這大部份的訊息是直接來自一九七〇年至一九七三年間在太平洋艦隊總司令部的情報簡報小組任職時，所讀到的最高機密／MAJIC 資料，或他自己對以上資料的研究。[46]

據稱，一九五四年下半年（另有一說是一九五五年二月）艾森豪威爾政府與包括北歐人及灰人在內的外星人，在霍洛曼空軍基地舉行的會議終於達成了協議，雙方簽署了《格雷達條約》。這個條約使艾森豪威爾政府繞開了美國憲法，而直接與外星種族結盟，但政府究竟是如何與灰人搭上線的？據傳，一九五三年左右一些天文學家發現了從外太空來的一些物體，正以頭對頭的方式朝地球飛來，進一步的分析確定這些物體不可能是小行星或其他天然的星際物質。一群科學家希望與可能的外星訪客進行接觸和交流，該團隊通過無線電通訊，並使用計算機二進制語言，成功地與對方建立了對話。

最初艾森豪威爾總統拒絕與外星人進行面對面的會議。這些外星人在華盛頓特區和美國海軍艦船上安排了一些展覽，向總統展示了他們的實力。外星人放出訊息說，他們是帶著和平目的來此的。簽約那天，總統的專機（空軍一號）降落在霍洛曼空軍基地，那一刻大約有三〇〇人看到空軍一號降落的這一幕場景，機上約有二十人，包括有少量的特勤人員。空軍一號滑行並停在距基地塔台約半哩處。有人事先告訴基地上的平民和軍人說，總統雖來到這裡，但這將是平常的一天。總統專機降落後，雷達人員指示關閉所有雷達設備，筆者猜測，這樣做的原因是據稱，外星飛行器不適應雷達波所致。

幾分鐘後，地面巡邏隊報告了兩艘不明身份的飛行物體正在接近。塔台此時又收到了另一份報告，在前兩艘幽浮之後，又發現第三艘幽浮。地面上的一名士兵將幽浮描述為圓形，沒有尾巴與機翼，也沒有引擎的聲音。飛行器飛近了單獨停在跑道上的總統專機。前兩艘飛船懸停在艾森豪威爾的飛機上方三百呎處，稍後其第一艘降落在空軍一號前方兩百呎處的地面，第二艘仍在空中徘徊，好像是在守望，而第三艘則從能見度中消失了。此時，一個看來「像艾森豪威爾的人」步下了空軍一號階梯，朝地面上的圓盤方向走去。他在斜坡上停了片刻，看來他似乎正在與另一個人握手，但因距離關係，無法證實，然後他進入飛船。

在大約四十五分鐘的時間裡，不難想像，官員、特勤人員和基地人員是多麼困惑和緊張。不久，像艾森豪威爾的這個人離開飛船，此時許多觀察者都清楚看見，沒有戴帽子的他邁著那公認的軍人步伐，走向空軍一號專機，關於這個看來「像艾森豪威爾的人」，所有證人都承認他就是艾森豪威爾本人。此際，總統已經在飛船內與灰人簽署了一項條約，這條約必須由美國參議院的三分之二成員討論、分析和同意，但參議院甚至從未意識到該條約的存在，因此，從法律上說，這條約是無效的。

據目擊者和研究人員稱，艾森豪威爾在飛船內與高灰人（Tall Greys）討論並簽署了《格雷達條約》，後來其他外星種族，包括俗稱高大白人（Tall White）的北歐人、爬蟲人和阿努納奇（Anunnaki）等也一起加入了《格雷達條約》。[47]前文提到，阿努納奇是一種巨型人類，有時稱尼比魯斯人（Nibiruans），他們是黑哨頭髮的天狼星人（Sirians B）和紅頭髮的獵戶座人聯婚的後代，來自地球附近的尼比魯（Nibiru）行星，與德拉科人競爭控制地球。據亞歷克斯．科利爾之說，他們會定期回到地球進行監管。

備受尊敬的作家和五角大廈顧問蒂莫西．古德（Timothy Good）在二〇一二年挺身而出，談論艾克與外星人的會議。蒂莫西討論了這些會議的目的，結果是這些特殊的外星人就像許多其他外星人一樣，顯然希望和平。他們試圖就地球問題在某種意義上，進行積極的解決。證據表示，他們希望美國中止核武器試驗。起初，他們顯然希望將其存在的真相告訴公眾，但在最後的條約中，他們似乎改變了主意，轉而希望保持秘密。最後艾森豪威爾與一個灰人的外星種族簽署了以上條約。[48]

美國政府似乎不是地球上唯一與外星人打交道的政府，前文說過，中國政府也與數種外星人打交道，且從中獲得技術。秘密太空計劃局內人馬克·理查茲上尉說，日本人也正在與幾個不同的外星人種族打交道，人類政府不會單獨行動，他們與他們結盟的各種外星人種族，以及所訂的議程一致行動，無論議程發生了什麼變化。[49]

各別政府不但與各別外星人種族結盟，卡米洛計劃早已經知道，美國軍隊的各個部門由於與不同的外星人群體結盟之故，彼此間都有嫌隙，馬克·理查茲上尉也證實了這一點，他說，情況確實如此。[50]

以上關於美國政府與外星人雙方達成協議的確切時間，多年來一直存有爭論，上文提到雙方約在一九五四年下半年達成協議。但據蒂莫西·古德，一九五四年之後美國政府與外星人在霍洛曼空軍基地可能舉行了兩次會議，第一次會議於一九五五年二月舉行，隨後又於一九五六年四月舉行了另一次會議，不清楚是哪一次達成協議，許多研究人員認為兩次之中似乎有一次達成協議。由於協議的內容與一九五四年協議的內容雷同，似乎蒂莫西古德所說的霍洛曼基地這兩次會議與比爾珀庫所說的一九五四年下半年的兩次會議應是同一件事情，只是時間沒有吻合。[51]那麼，一九五四年協議的內容是什麼？

註解

1. A further update from ‘Henry Deacon’, May 2, 2007
http ‥ //sprojectcamelot.orghenry_deacon_compilation.pdf

2. Bill Ryan & Kerry Cassidy (Project Camelot). An Interview with ‘Herry Deacon’, a Livermore Physicist. October 6, 2006
http ‥ //sprojectcamelot.orghenry_deacon_compilation.pdf

3. Anthony Bragalia, Elderly Lady Beaten by NASA Agents for Her Moon Rock Warns: The Government Would Kill Someone Who Had the Roswell UFO Metal. Aug. 2018
https://www.ufoexplorations.com/elderly-lady-beaten-by-nasa

4. Anthony Bragalia, “My Father Murdered Roswell UFO Witnesses”-Says daughter of WWII Hero. June 2018.
https://www.ufoexplorations.com/father-murdered-roswell-witnesses

5. An update from ‘Henry Deacon’. February 17, 2007.
http ‥ //sprojectcamelot.orghenry_deacon_compilation.pdf

6. Bill Ryan & Kerry Cassidy, 2006, op. cit.

7. Richard Boylan, Ph.D., Official within MJ-12 UFO-Secrecy management Group Reveals Insider Secrets.
https://www.bibliotecapleyades.net/sociopolitica/esp_sociopol_mj12_4_2a.htm#official

8. Space Command-Project Camelot Interviews with Captain Mark Richards by Kerry Cassidy. 2nd Interview with Capt. Mark Richards by Kerry Cassidy on August 02, 2014.
https://www.bibliotecapleyades.net/sociopolitica/sociopol_globalmilitarism180.htm
Accessed 6/26/19

9. 埃德加・迪恩・米切爾（Edgar Dean Mitchell）是美國飛行員和宇航員，他於一九三〇年九月出生於德州的赫里福德（Hereford），他是阿波羅十四號登月艙（lunar module）的駕駛員，也是第六個在月球上行走的人，一九七一年二月九日他曾在月球表面上度過了九個小時。在海軍任職期間，米切爾獲得了美國海軍研究生院（U.S. Naval Postgraduate School）的航空工程理學士學位和麻省理工學院（MIT）的航空航天學理學博士學位。他還擁有新墨西哥州立大學、阿克倫大學（The University of Akron）、卡內基・梅隆大學（Carnegie Mellon University）和恩伯里德爾航空大學（Embry-Riddle Aeronautical University）的名譽博士學位。米切爾對另一個世界的幽浮於一九四七年在羅斯威爾墜毀的說法，轉引自 Billy Booth，Astronaut Edgar Mitchell: UFOs are Real. Source: http://ufos.about.com/od/

governmentconspiracyufos/a/edgarmitchell_2.htm

10. Justin Deschamps, Notes and Commentary from Mount Shasta Secret Space Program Conference. September 8, 2016
http://www.theeventchronicle.com/uncategorized/notes-commentary-mount-shasta-secret-space-program-conference/

11. Salla, Michael E., Ph.D., The U.S. Navy's Secret Space Program & Nordic Extraterrestrial Alliance. Exopolitics Consultants (Pahoa, HI), 2017, p.9

12. 理查德・多蒂（Richard Doty）引用國防情報局特工「匿名」的解釋說，一九六四年的外星人登陸是發生在霍洛曼空軍基地附近，而非霍洛曼空軍基地本身。
Bill Ryan，Introduction，http://www.serpo.org/intro.php

13. Space Command, Interview 2, op. cit.

14. Herbert G. Dorsey III, 2014, the Secret History of the New World Order, Outskirts Press.

15. Space Command-Project Camelot Interviews with Captain Mark Richards by Kerry Cassidy, 2013-2014. Interview 1: Total Recall-My interview with mark Richards, November 8, 2013。
https://www.bibliotecapleyades.net/sociopolitica/sociopol_globalmilitarism180.htm
Accessed 6/26/19

16. Space Command, Interview 1, op. cit.
17. William Moore, UFO's ‥ Exploring the ET Phenomenon.
http: //www.presidentialufo.com/ike&the.htm
轉引自 Michael E. Salla, Ph.D., Eisenhower's 1954 Meeting With Extraterrestrials: The Fiftieth Anniversary of First Contact. First published January 28, 2004. Revised February 12, 2004. http://www.abidemiracles.com/56789.htm
18. Letter received on April 16, 1954 by Meade Layne from Gerald Light.
http://www.bahaistudies.net/asma/gerald_light.pdf
19. Michael E. Salla, Ph.D., Eisenhower's 1954 Meeting With Extraterrestrials: The Fiftieth Anniversary of First Contact. Op. cit.
20. Ibid.
21. Ibid.
22. Ibid.
23. Beckley, Timothy Green, Christa Tilton, Sean Casteel, Jim McCampbell, Dr. Michael E. Salla, Leslie Gunter, Bruce Walton. Underground Alien Bio Lab At Dulce: The Bennewitz UFO Papers. Global Communications (New Brunswick, NJ). 2009, p.195

24. Carlson, The Yellow Book, 2018, op. cit., pp.60-61

(1)一九六四年四月——Socorro, NM
(2)一九六九年四月——White Sands, NM
(3)一九七一年四月——White Sands, NM
(4)一九七七年四月——White Sands, NM
(5)一九八三年十一月——相信是在 Kirtland, AFB
(6)一九九〇年十一月——White Sands, NM
(7)一九九七年十一月——NTS (Nevada Test Site)
(8)一九九八年十一月——NTS
(9)一九九八年十一月——NTS
(10)一九九九年十一月——NTS
(11)二〇〇一年十一月——NTS
(12)二〇〇九年十一月——NTS

25. Michella E. Salla, Ph.D., A Report on The Motivations and Activities of Extraterrestrial Races. July 26, 2004.

https://www.bibliotecapleyades.net/exopolitica/esp_exopolitics_U1.htm

26. Michael Salla, Military Insiders Confirm Thousands of Extraterrestrials Live among us, August 8, 2018, posted in Featured, Galactic Diplomacy.
https://www.exopolitics.org/military-insiders-confirm-thousands-of-extraterrestrials-live-among-us/

27. 21st Century Radio's Hieronimus & Co. "Transcript of Interview with Bob Dean, March 24, 1996,
http://www.planetarymysteries.com/hieronimus/bobdean.html
轉引自 Michael E. Salla, Ph.D., first published January 28, 2004, Revised February 12, 2004. Op. cit.

28. Richard Boylan, Nexus Magazine, Volume 5, Number 3 (April-May 1998), Inside Revelations on the UFO Cover-Up
http://www.ufoevidence.org/documents/doc1861.htm

29. Salla, Michael E., Ph.D., The U.S. Navy's Secret Space Program & Nordic Extraterrestrial Alliance. Exopolitics Consultants (Pahoa, HI), 2017, p.102

30. Michael Salla, Ph.D., August 8, 2018, op. cit.

31. Salla, 2017, op. cit., pp.102-103

32. Salla, 2017, op. cit., p.103

33. A Covenant With Death By Bill Cooper. (Commentary from research Barbara Ann-File No.005)

http://galactic2.net/KJOLE/NCCA/cooper.html

34. Richard Boylan, Ph.D., Extraterrestrial Base on Earth-Sanctioned by Officials since 1954, Now Revealed.
https://www.bibliotecapleyades.net/vida_alien/extraterrestrialbase.htm

35. Ibid.

36. Greys，http://www.exopaedia.org/Greys

37. Michael Salla, August 8, 2018, posted in Featured, Galactic Diplomacy. Military Insiders Confirm Thousands of Extraterrestrials Live Among Us
https://www.exopolitics.org/military-insiders-confirm-thousands-of-extraterrestrials-live-among-us/

38. Michael Salla, Security Protocols in Classified Extraterrestrial Projects. June 30, 2018. POSTED IN FEATURED, SCIENCE AND TECHNOLOGY
https://exopolitics.org/security-protocols-in-classified-extraterrestrial-projects/

39. Ibid.

40. ET Autopsy Insider Emery Smith Hit With Massive Attack After Coming Forward.
Posted by David Wilcock, Dec 29, 2017
https://divinecosmos.com/davids-blog/1224-emery-smith/

41. Michael E. Salla, Ph.D., Eisenhower's 1954 Meeting with Extraterrestrials: The Fiftieth Anniversary of First Contact. Op. cit.
42. A Covenant with Death By Bill Cooper. Op. cit.
43. Ibid.
44. Ibid.
45. Ibid.
46. Ibid.
47. "Greada Treaty", http://www.thenightsky.org/greada.html
Accessed 7/14/19
48. By Gaia staff, April 26th, 2017
DID PRESIDENT EISENHOWER MEET WITH ALIENS AT HOLLOMAN AIR FORCE BASE?
https://www.gaia.com/article/eisenhower-meets-aliens-holloman-afb
49. Space Command, Interview 1, op. cit.
50. Space Command, Interview 1, op. cit.
51. 「Edwards Agreement」, http://www.exopaedia.org/Edwards+Agreement

第④章

躁動不安的銀河系：人類最大的敵人

地球只不過是銀河系的方寸之地，但這裡卻熱鬧得很，銀河系中具有代表性的數種智慧生物均可在此發現其芳蹤，其中包括人形生物、爬蟲人、灰人、猛龍族與昆蟲人等。這些天外來客與地球人類共處方寸之地，其間有聯合，也有鬥爭，彼此勾心鬥角之態與人類在任何歷史時期的表現並無二異。我的看法是如今的外星人與明清之交的金髮白膚外國人沒有太大差異。外星人透過一九五四年協議作為涉入人類活動的門檻，就等同一八四二年英國人藉著南京條約做為進入中國的敲門磚一樣。

一九五四年協議的內容為何？它對人類又有如何影響？有關美國政府與外星人締結條約的事情，迄今沒有一個涉事者能夠或願意公然站出來做證，這一方面固然是因為安全協議的約束，但另一方面可能與以下古德所說的事情有關。他說，人類與各種外星人團體之間的部分條約是使用年齡回歸（age-regression）和記憶擦除（memory-wiping）技術來保密，其目的可能是為了保持他們的外星計劃和實驗的完整性。[1]

4.1 地球上肆無忌憚的綁架事件

美國政府與外星人雙方在一九五四年下半年達成協議的具體成果是《格雷達條約》的產生，該條約指出：[2]

- 外星人不會干涉我們的事務，我們也不干涉他們的事務；
- 美國政府將對外星人的存在保持機密；
- 外星人將為美國提供先進的技術，並協助美國發展技術；（註：外星人後來給了美國政府一些他們的反重力飛船和大量的燃料元素115）。
- 外星人不會與地球上任何其他國家締結條約；
- 外星人可以在有限和定期的基礎上綁架人類和牲畜，以進行醫學檢查和監測人類的發展；
- 遭受綁架的人們將不會受到傷害，且事後將被送回遭綁架的地點，同時對該事不會有任何記憶。該外星國家將定期向至尊十二提供所有人類接觸和被綁架名單；[3]
- 美國可以對外星人進行醫學檢查和遺傳實驗，結果應該分享；
- 美國將提供外星人住宿和實驗的秘密設施。

關於這一點，美國政府同意將基地建在地下以供外星人國家使用，除此並建造兩個基地供外星人國家和美國政府共同使用。技術交流將在共同佔領的基地進行。這些外星基地將建在猶他、新墨西哥、亞利桑那與科羅拉多等州的四個角落地區的印弟安保留區。另一個基地將建在內華達州五十一區西界南方約七哩處的S—4地區。

所有外星基地都受到海軍情報部門的完全控制，基地自簽約後開始施工，但進展緩慢，直到一九五七年有大筆資金後才加快工程進度。

菲利普．施耐德（Philip Schneider）是簽署《格雷達條約》的舉報人之一，他是前地質工程師，受雇於承建地下基地的公司，他廣泛從事涉及外星人的計劃。[4]他於一九九五年的MUFON會議上說：

「早在一九五四年，在艾森豪威爾的領導下，聯邦政府決定規避美國憲法而與外星實體締結一項條約，這被稱為一九五四年《格雷達條約》。這條約基本上達成了一項協議，據此，簽約的外星人可以取幾頭母牛做實驗，並在少數人身上測試其植入技術，但他們必須提供有關人員的詳細訊息。」[5]

菲利普．施耐德是臭名昭著的一九七九年道西戰鬥中倖存下來的人。衝突涉及高灰人和美國情報人員及道西基地的保安人員。施耐德於一九九六年一月在他的公寓中被發現死亡，致死原因謠傳是一條鋼琴線纏繞脖子，他顯然遭受了酷刑，死後朋友去整理其公寓時發現，他的所有演講稿和研究報告都從公寓裡消失了。

《格雷達條約》的另一名舉報人是邁克爾．沃爾夫博士。沃爾夫博士曾在負責外星事務的各個決策委員會任職達二十五年，他聲稱艾森豪威爾政府與外星人簽訂了未經參院批准的條約，而且該條約的某些條款也違憲。[6]《格雷達條約》既經簽署，灰人外星人可曾遵守該條約？庫珀認為「到一九五五年，很明顯地外星人欺騙了艾森豪威爾，並且違反了《格雷達條約》……。懷疑外星人沒有向至尊十二提供完整的人類接觸與被綁架者名單，而且懷疑並非全部被綁架者都已被送回。」[7]

不但如此，蘇聯被懷疑有與外星人互動，事實證明這是真的。另一個重大發現是外星人利用人類和動物作為腺體分泌物、酶、激素分泌物和血液的來源，並進行了可怕的基因實驗。外星人解釋說那樣的作為是他們生存所必需的。他們說他們的基因結構已經惡化，已不能夠進行繁殖。更重要的是，在多次與外星飛行器較量之後，很明顯地美軍的飛行器與武器無法與他們相提並論。為此，至尊十二決定繼續與外星人維持友好的外交關係，直到他們能夠發展出自己的技術，而足以在軍事上挑戰外星人為止。

菲利普科索上校認為，該條約本質上是強加給艾森豪威爾政府的東西，這表明技術轉讓將讓外星人從美國獲得可用的各種遺傳物質。這種基因多樣性使美國成為比俄羅斯和中國等種族同質化更多的大國，更具條約簽署國的吸引力。

政府很可能認為，既然灰人一直在綁架美國平民，條約將為他們提供一種監測綁架的手段，並便於近距離觀察參與由灰人主持的平民基因實驗的情況。灰人有義務提供被綁架平民的名單，這顯然沒有兌現，後來這成為灰人與美國當局之間摩擦的根源。[8]

為何外星人如此樂此不疲地綁架人類？原因並不僅止於「醫學實驗」這麼單純，據秘密太空計劃局內人馬克·理查茲上尉在受訪時的證詞，人類是多元宇宙中的一種商品，他們有時被用來交換秘密空間計劃真正想要的東西，比如暗能量或其他東西。[9]此外，年輕的人類女性也被某些外星人當成妓女般，成為他們尋歡作樂的對象。

依據馬克證詞，在一些外星種族眼中人類的用途包括以下幾種：[10]

1. 爬蟲人和灰人（可能還有其他人）的食物來源
2. 盟友
3. 建造東西的奴隸，為各外星種族服務
4. 交易／易貨
5. 學習——就像在做科學研究一樣
6. 地球是理想的度假勝地
7. 獲取礦物和寶石
8. 土地的頂層／地下基地的使用——利用這些跳轉到其他星際系統
9. 外星人的育種和遺傳計劃非常需要女性人類

以上人類與外星人的協議，對人類的影響如何？是否有利？引用天普大學歷史系副教授大衛．雅各布斯（David M. Jacobs）博士基於被綁架人的催眠回歸研究所得的評論：「外星人計畫主要對他們有利，對我們不利。我知道外星人為什麼會在這裡，如果他們的任務成功，人類會產生什麼後果。」[11]

此外，儘管道格拉斯．麥克阿瑟（Douglas MacArthur）將軍沒有直接提到任何與外星人相關的政府條約，但他在一九五五年十月發出了一個著名的警告，暗示某些外星人威脅人類主權的事情正在發生：「你現在面臨著一個新世界，一個變化的世界。我們用奇怪的話講，是在利用宇宙能量，在團結的人類種族與一些其他星系行星的邪惡力量之間的最後衝突……世界將必須團結起來，因為下一場戰爭將是一場星際戰爭。地球上的國家必須有一天形成一個共同陣線，以抵抗來自其他星球生物的襲擊。」[12]

麥克阿瑟口中的「邪惡力量」極可能是暗指一九五四年與艾森豪威爾達成協議的外星人。邁克爾．薩拉博士觀察到一項有趣的轉變，一旦所謂的《格雷達條約》開始執行，與外星人接觸的報導就開始發生變化。例如一九六一年涉及貝蒂（Betty）與巴尼．希爾（Barney Hill）的第一起記錄在案的綁架事件開始出現後，一九五〇年代以來類似「接觸者」的友好「太空兄弟」（space brothers）報告就開始發生了變化，或不再聽聞。

即使被認為較友好的第一起貝蒂與巴尼．希爾綁架案也不是那麼美好，《威脅》一書作者大衛．

雅各布斯於一九七六年採訪了貝蒂．希爾本人，貝蒂告訴他一些公開聲明中沒有透露的事情。她說這些生物從其丈夫巴尼那裡採集了精子樣本。這種信息不僅強化了越來越多的外星人對生殖感興趣的說法，而且如果如一些人所說，希爾的故事僅是心理上產生出來的，為什麼她還要編造一些不告訴任何人的明確意圖呢？在雅各布斯博士看來，綁架之謎越來越深，越來越複雜。[13]

太空兄弟對人類友善，與被稱為「接觸者」的人們互動良好，他們帶領人們乘坐其飛船，遨遊天際。一九六〇年代初期，隨著貝蒂與巴尼．希爾被綁架，這一友好模式發生巨大變化，過去太空兄弟的互動模式似乎已經消失，取而代之的是另一種邪惡的灰人綁架模式，這會違背被綁架者的意願並對其施加醫療程序。[14]

據沃爾夫博士的說法，涉及綁架的外星人是來自澤塔網罟星系第四顆行星的灰人，而庫珀聲稱，他們是來自獵戶座參宿四（Betelgeuse）的高灰人（Tall Greys）。筆者認為若純粹就綁架人類而言，應不止於沃爾夫博士提到的澤塔網罟座星系灰人或獵戶座參宿四的高灰人，獵戶座參宿七（Rigel Orion）的矮灰人更有可能涉及這檔事。

澤塔網罟座星系包含澤塔 I ＆ II 雙太陽，澤塔 I 的灰人未聞曾涉及人類綁架，而澤塔 II 的第四顆行星（即 Reticulum IV）就是賽波（Serpo），其上住的外星種族是埃本人，外形類似矮灰人，他們雖然是德拉科帝國成員，天性卻較善良，對人類也較友好，但由於遺傳研究，還是可能涉及人類綁架。

賽波行星在國防情報局（DIA）的官方名稱是：DIALP-0916 ——恆星系統——澤塔網罟座（Zeta Reticuli）（DIALP 代表"Defense Intelligence Agency Life Planet"）。其中，「賽波」是埃本人對自己家鄉行星的稱呼。[15]

埃本人行星與地球相似，但空氣更稀薄，並且含有更高比例的氬氣（Argon）和氦氣（Helium）。此外，赤道附近平均溫度較高，在他們星球的北部溫度較低，他們喜歡我們空氣稀薄的高山、溫度較低的地區。他們不能承受很大的熱量。也許這可以解釋沙斯塔山（Mt. Shasta）、西伯利亞和喜馬拉雅山等地外星地下基地的數量？這些埃本人是大約3' 4"到3' 8"高的生物。他們的眼睛非常大，幾乎像昆蟲一樣，有幾個不同的內眼瞼。他們的皮膚結構非常有彈性和堅硬，可能會因為陽光而變硬。

環繞澤塔II的行星共有六個，除賽波外，其它行星並未住有高智能生物。與賽波最靠近的行星是奧托（OTTO），兩者距離八十八百萬哩，該行星沒有原生居民，埃本人將其當作研究基地。最靠近賽波的有生物星球是西路斯（SILUS），距離四三四百萬哩，它由各種類型的非智能生物組成，埃本人利用該星球開採礦物。賽波上還居住有來自其他九個星系的訪客，有些訪客其外形像埃本人，這些人來自阿爾法半人馬座（Alpha Centauri ）A附近的一顆行星。阿爾法半人馬座是由三顆恆星組成的星系，距離我們最近（四點二光年）的第三顆恆星是稱為比鄰星（Proxima Centauri）的十一級紅矮星，其亮度較暗淡。距離較遠（多零點二光年）的兩顆恆星分別由黃色和橙色恆星組成，亮度較強。[16]

美國政府在一九五〇年代、一九六〇年代及一九七〇年代曾與埃本人達成一系列的外交協議，這些協議可能包括允許綁架少許人類。[17]但以埃本人較善良的本質，他們為改善本身族群而不得不進行綁架人類及進行醫學試驗，事後較可能會依合約規定而放回。另有一族矮灰人，其體形及外表與埃本人相似，他們來自獵戶座參宿七，身高約四點五呎，也屬於德拉科帝國成員，對人類不具善意，他們在綁架人類後較不可能會依合約規定將人類放回。

獵戶座參宿七的里格爾人（Rigelians）（見照片4-1）在一九四七年至一九七一年期間與軍事工業（公司或秘密政府組織）的某些成員進行接觸。根據藍皮書報告第十三章的訊息，新墨西哥州第二重要的地下里格爾人基地位置的代號是月神—2（LUNA-2）。該基地由外星人控制，國家偵察局（NRO）、三角洲（DELTA）和外星人聯合保護著這裡。月神—2目前正在營運中。「月球的另一邊」（FAR SIDE

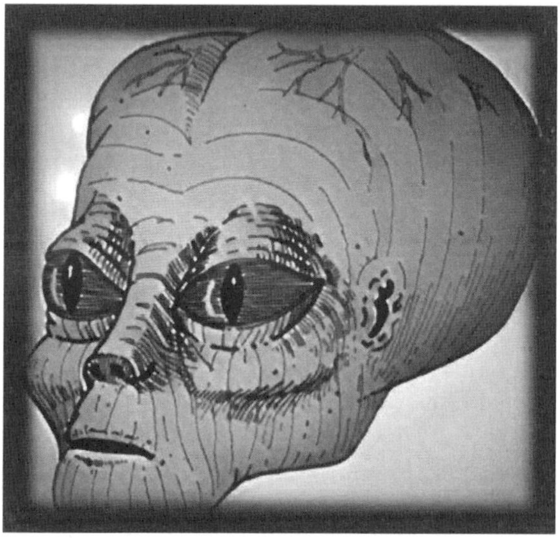

照片（4-1）　里格爾人（RIGELIANS）——也稱為惡意外星生命形式（ALF）
出處：Carlson, Gil, 2013. Blue Planet Project: The Encyclopedia of Alien Life Forms, Wicket Wolf Press, p.63

OF THE MOON）這個術語用於指月神—2的內部，即指月神—2的地下基地，不明飛行物研究人員（UFOlogists）和其他一些偶然發現這個詞的人曾經誤解，他們認為這是指月球基地 LUNA-1。[18]

談到灰人的心理素質，他們幾乎完全沒有情感，但可以通過心靈感應調整不同種類與強度的人類情感，例如狂喜或痛苦，獲得「高潮」等。政府認為他們對我們沒有危害，但在一九八二年和一九八八年出現了完全相反的情況，灰人的「特洛伊木馬」式操縱和撒謊涉及MJ-12／MAJIC部隊。CIA 與 NSA 內部受到了灰人的深深控制。[19]

最初的里格爾人又稱北歐人或金髮人（Blonds），直到他們被寄生種族灰人入侵，灰人在違背里格爾人意願的情況下，接管後者並與他們進行雜交。幾個金髮碧眼的北歐人從灰人接管他們的系統中逃脫並來到地球，由於最初的里格爾人和七個遠古外星種族是北歐人且很早就來到地球，他們因此聲稱自己是地球人類的種子。

正是由於這種共同祖先的關係，地球人類對北歐人和灰人都如此感興趣。灰人過去曾經並且現在也很容易在飛船上或在家中睡覺時，讓地球上的女性人類懷孕。雄性不需要以可見的形式出現即可能發生這種情況。[20]

北歐人現在居住在南河（Procyon）星系統，儘管里格爾人和天狼星系統之間的衝突正在積極進行中，但北歐人和灰人之間的衝突則處於暫時休戰狀態。[21]在早期的幾個世紀裡，北歐人有時被誤認為是天使。他們似乎不會變老，而且始終看起來是二十五歲出頭至三十五歲的外貌。

北歐人和灰人都有能力將物質分解為能量，然後將能量重新整合為物質。這種能力允許他們穿過牆壁，並將被綁架者運出並上他們的飛行器。但兩者之間，灰人的軍事能力可能要大些，這種推測是因為金髮人是較和平的種族，其行事通常不以擴張版圖為目的，而灰人則不同，其殖民帝國的擴張往往以武力為後盾，並以自身DNA改變原住民成為混種人為其手段，這使得美國投鼠忌器，明知有後患，仍不得不與其虛以委蛇。

灰人有能力通過精神能量投射，將自己偽裝成高大的金髮人。金髮人則從不將自己投射為灰人。一些與灰人一起被看到的金髮人在物理外貌上是真實的，但他們可能是灰人的囚犯，灰人要么使他們癱瘓，要么破壞了他們穿越時空和其他維度的能力。注意：很多這種信息的來源都是出自一個金髮碧眼的外星人，他是一名時間旅行者，他們旅行的目的是為了逃脫灰人對其系統的接管。[22]然而，灰人身旁有金髮人的另一個更大可能性卻是：他們是灰人創造的克隆或混種人。

關於研究是哪一種灰人對人類幹了壞事，實際上頗令人困惑，原因是《格雷達條約》可能涵蓋了不止一種外星人及也不止一種灰人，而灰人的外表看起來都相似，如果身高也相似，則實在難以區別。

據沃爾夫博士描述，灰人對他們在地球上的存在具有積極的動機，但他們受到美軍流氓分子（即Cabal）的抑制和攻擊。[23]MUFON綁架轉錄計劃中有近一半的被綁架人報告了灰人對人類生殖系統和性行為的興趣，這包括計劃協調員丹・賴特（Dan Wright）所說的：「從男性獵取精子，從女性獲取卵子，胎兒流產以及性高潮的時刻。」

因此，外星人對人類的強烈動機來自：或者外星人無法生育，或者他們正在通過與人類的育種計劃，來創造更好的生命及延續其種族，或者他們只是一群性變態。灰人外星人的動機和其行為的不確定性，似乎在政府決定不披露外星人的存在，以及不披露艾森豪威爾政府與外星人簽署的《格雷達條約》中扮演了重要角色。

以下是洩漏給幽浮研究人員的「正式官方文件」上的一段話，這描述了一九五四年四月通過的官方保密政策，這個時間點剛好是艾森豪威爾政府與外星人首次接觸的兩個月之後。該政策宣示「與已知具有地外起源的實體的任何相遇，均被視為是國家安全事務，因此被歸類為最高機密。在任何情況下，公眾或公共媒體都不會獲悉這些實體的存在。政府的官方政策是不存在這樣的生物，聯邦政府的任何機構現在都沒有從事任何關於外星人或其飛行器的研究。絕對禁止違反該既定政策。」[24]

披露有關外星人的機密訊息的處罰非常嚴厲。一九五三年十二月參謀長聯席會議（Joint Chiefs of Staff）發佈陸軍—海軍—空軍一四六號出版物：根據《間諜法》，未經授權就發佈不明飛行物信息是犯罪，最高可判處十年監禁和一萬美元罰款。[25]這種嚴厲的處罰目的是阻止大多數前軍人、公司雇員或目擊者挺身而出披露外星人訊息。這項政策涉及一些策略，例如刪除以前服兵役的人或公司僱員的公共記錄，以強迫撤回陳述；或故意歪曲個人陳述或抹黑個人，例如鮑勃．拉扎爾就是此惡法下的一個受害者。在一九六一年的告別演說中，艾森豪威爾總統暗示著國家安全機構的力量日益增長，這些機構處理外星人的存在，並由於處理與外星人的存在所面對的困境而獲得強大的權力。

艾森豪威爾成立了一個永久性的常設委員會，負責監督和執行《格雷達條約》規範下的所有秘密活動，該委員會是根據執行備忘錄 NSC5410 而秘密建立了至尊十二小組。在後來的幾年中，此種運作演變成「聯合情報多數機構」（the Majority Agency for Joint Intelligence，簡稱 MAJI），它直接且僅對美國總統負責。

至尊十二的職責之一就是掩蓋幽浮的真相，直接遭其閉嘴的對象甚至也包括美國總統，如一九六一年一月起擔任美國第三十五任總統，直至一九六三年十月遭暗殺的約翰・甘迺迪（JFK），他直至其人生最後一天都對開放外星相關資訊抱持肯定態度。一九六三年夏曾擔任空軍一號裝卸長（Loadmaster）的比爾・霍爾頓（Bill Holden）伴隨著總統一起前往歐洲，旅程中他問 JFK：「總統先生，您如何看待幽浮？」JFK 認真地回答：「我想向公眾介紹外星人的情況，但我的雙手被綁住了。」

喬治・H.W. 布希從一九八九年至一九九三年擔任美國第四十一任總統，從一九八一年至一九八九年擔任美國第四十三任副總統，並於一九七六－七七年擔任 CIA 局長。一些研究人員指出，老布希是至尊十二的成員之一。不明飛行物互助網站（MUFON）的成員亞當・圭爾奇（Adam

Guelch）於二〇一六年訪問老布希：「美國政府何時才能告訴美國人關於不明飛行物的真相？」老布希的回答是美國人無法接受真相。[26]

正如老布希所言，一九五四年簽訂的霍洛曼協議其確切真相永遠無法得知，但終究有幾位有良知及勇氣的舉報人掀開了冰山頂層，使得其真相能逐漸浮現。如前所述，霍洛曼協議的另一部份是交換「大使」，其中著名的爬蟲人大使有兩名，一名是代表德拉科（Draco）的克雷爾（Cril或Krill），他的名字和頭銜是"Omnipotent Highness Krlll"，讀作"krill"，但更常被稱為"Original Hostage Krlll"。另一位通常稱為J-Rod，他是灰人，最有可能是來自澤塔網罟星系，住在五十一區。

另據曾在S—4設施工作的生物學家丹．布瑞施（Dan Burisch）的說法，他聲稱自己是與J-Rod互動的科學家之一，J-Rod稱自己是來自未來的訪客。在丹．布瑞施的說詞中，幾支灰人物種被說成是人類的後代，他們來自未來（註：據稱是J-Rod告訴他的，但J-Rod是否說謊？或丹是否說謊？不得而知），訪問我們的目的是企圖糾正一些錯誤，這些錯誤最終將對灰人的生存構成負面影響。他們想要糾正的那些錯誤將在二〇一二年導致一場災難。值得注意的是，丹．布瑞施提出的許多主張，以及他做為舉報人的可靠性，都有極大爭議。[27]

例如J-Rod的出身，根據DIA-6成員之一的指認，它是由埃本人利用快速克隆的方法創造出來的生物。[28]但利佛摩實驗室的物理學家亞瑟．紐曼（Arthur Neumann）卻贊同丹．布瑞施的說法。他說，一九四七年七月羅斯威爾墜毀的生物並非外星人，它是來自我們星球的未來。由於污染和放射性，人類被迫居住在地下城市和進行雜交，他們從當前的人類進化為灰人。他們回來是嘗試改變人類的進程，並將地球置於更有利的時間軸上。

如據我們目前的物理水平與理解，丹・布瑞施與紐曼倆對羅斯威爾墜毀飛碟內的生物來源之說法可能不被認同，原因是它違反了一項普遍的科學常識，即人們無法回到過去。但以上兩人皆有長久在政府機構的研究經歷，且工作涉及敏感領域，說謊除了毀掉其個人信譽外，對其本身也不會有任何好處。

紐曼有足夠高的安全通關權限，可以從事至尊十二的較高安全級別計劃，他認為羅斯威爾飛碟的墜毀，是由於大功率脈衝雷達打亂了他們的導航系統所造成的事故，後來軍方意識到了這一點，遂將雷達改裝成擊落其他幽浮的武器。紐曼進一步說，他們的任務發生災難性的錯誤，原因不僅是因為他們墜毀了，還因為他們攜帶了一個裝置，這是他們在時間和空間上定向的唯一手段，可以使他們回到家中，並回到自己的生活中，如今也因墜毀而連帶失去了。（註：我從「軍事情報局的三十六份電子郵檔」並未發現墜毀的圓盤含有該裝置。但也有可能是隱匿不報？）

該設備是一個小盒子，後來被軍事科學家在各種實驗室中使用。當這個盒子被軍方獲得並進行調查後，這本身成了一種災難。後來洛斯阿拉莫斯實驗室的科學家發現這是一台時光機，透過在超級計算機上運行的程序能夠分析該設備，科學家發現設備上的顯示器正顯示出墜毀之前的場景。經過更多的計算機分析，他們能夠對設備進行逆向工程設計，並開發出可以查看過去和未來的時間機器（稱為“cronovisor”）。這使得軍方獲得了「時間門戶」（time portal）技術，並因此預先知道未來將會發生什麼。

除了時光機外，科羅納墜毀現場附近還發現一名活的外星生物實體（後來取名為Ebe1），美國軍方稍後得知，他來自三十九光年之遙的澤塔網罟星系，其種族稱埃本人。他為軍方提供了他的家鄉行星位置，並幫忙建立了雙方的聯繫，直到一九五二年去世為止。在去世前他向軍方提供了墜毀的兩艘飛船內各種設備的完整解釋，其中一項是通訊設備，Ebe1被允許與他的星球接觸。

行文至此，為了更清楚說明後續發展起見，先調個筆頭，且說甘迺迪（JFK）任總統後發起了水晶騎士（Crystal Knight）計劃，這除了是與外星人進行外交往來的柏拉圖計劃（Project Plato）的延續外，並增加了我們星球與其他行星之間文化交流的概念。甘迺迪遇刺後約翰遜總統（President Johnson）繼續執行水晶騎士計劃，後來使用埃本人的通訊設備，至尊十二和賽波行星訪客之間的會面日期定為一九六四年四月，會面地點是在距新墨西哥州阿拉莫戈多（Alamogordo）四十七哩處的白沙（White Sands）。埃本人如期降落，並取回其同胞的遺體，雙方交換訊息，交流則靠著埃本人的翻譯設備以英語進行。

一九六五年美國軍方與埃本人進行了交流計劃，他們精心挑選了十二名各有其專業的軍事人員，經過培訓與審查，並仔細從軍事系統中刪除其各人記錄。到了約定日期，在內華達州試驗場的北部附近，埃本人再度降落，十二名美國人進入太空船，離開地球，前往三十九光年之遙的賽波行星，有一個埃本人（即Ebe2，但此人並非是隨賽波團隊作為翻譯的女性Ebe2）留在地球做為人質。最初的計劃是讓十二名軍方人員在賽波停留十年，然後返回地球。但因他們在雙星系統的時間計算有了誤差，直到一九七八年他們才返回內華達州的同一地點。僅有七人返回，其餘一人在離開地球的啟程途中死亡，二人死於賽波星，另有兩人決定留在賽波星。他們返回後，交流計劃被更名為賽波計劃。從一九七八年至一九八四年，這些返回者被隔離在各種軍事設施中，空軍特別調查辦公室（AFOSI）負責其安全和保障。返回的七個人目前全數都已死亡，最後一位倖存者——「英雄先生」死於二〇一四年十二月十一日。[29]

多年來有很多關於幽浮在霍洛曼空軍基地降落的報導，特別是關於一九六四年四月與美國軍方進行交換訪問的埃本人太空船降落在霍洛曼空軍基地西南方十三點七五哩處的白沙事件的報導。一九七四年傳奇的羅德·瑟林（Rod Serling）攝製的記錄片《不明飛行物：過去、現在與未來》，其中有一段關於不明飛行物在霍洛曼空軍基地登陸，以及一九五五年外星人與艾森豪威爾會面的故事，該記錄片被提名為金球獎（Golden Globe award）年度最佳記錄片。後來在一九七六年發行的記錄片《UFOS：它已經開始》中，也提到了霍洛曼空軍基地及發生在該處的飛船降落。

自從美國政府秘密與外星人打交道之後，為了防範幽浮的機密進一步外洩，外星人採取了各種包括威脅與實質暗殺的辦法，其中威脅的方式之一是利用所謂「黑衣人」（Men in Black，簡稱MIB）。

4.2 「影子政府」：黑衣人對地球人的實質威脅與監視

若要對「黑衣人」作最簡短的介紹可得下面幾句話：眼睛對光線敏感，通常皮膚蒼白，在我們的社會模式之外行動，黑色衣服，黑色汽車，太陽眼鏡，都穿得一模一樣；時間錯亂，他們無法處理心理上的「曲線球」或中斷他們的計劃；經常恐嚇幽浮目擊者並冒充政府官員，相當於我們的中央情報局，但實際是來自另一個星系。

馬克·理查茲上尉的妻子喬安曾經在英格蘭演講時提到，有一位黑衣男子在會場監視她，這是「影子政府」對付幽浮的可能洩密者的典型手法之一。通常的情況是，幽浮的目擊者或相關經驗者在事件發生不久之後，就會有一個或多個不確定年紀、中等高度，穿著完全黑色衣服（總是戴著一頂黑帽子）及通常有著黑色領口的毛衣之男子來與他們接觸。這些人會警告後者向周圍散布見聞的後果，有時會以優雅的態度威脅他們，有時則赤裸裸威脅。

MIB 的第一次出現是在一九四七年的莫里島（Maury Island）事件現場，一些碎片從磁盤中彈出，隨後被官員回收，他們將碎片裝載到一架在起飛時，不幸墜毀的陸軍轟炸機上。

黑衣人在外觀上讓人覺得怪異，他們說話的聲音沉悶單調的「像電腦」，膚色黝黑、顴骨高、腹肌薄、下巴尖，眼睛微微傾斜。他們的外觀也包括淡灰色的皮膚，有些人則有著一頭金髮，此外他們幾乎都長得很相似。任何證據（如果存在）他們都會以某種方式沒收，有時訪問是出於某種沒有意義的原因，而幽浮的主題（如果有的話）幾乎不會被提及。

他們經常假扮為銷售或電話維修人員、或來自官方或非官方組織的代表，在交通工具方面，搭配著大型且昂貴的黑色車子（Buicks 或 Lincolns 或 Cadillacs）。他們的汽車經常在關閉前燈的情況下運行，但幽靈般的紫色或綠色光芒照亮了內部。車門上印有不尋常的標誌，車牌總是無法識別或無法追蹤。

他們衣服的織物被描述為奇怪的「閃亮」或薄，但並不柔滑，幾乎就像是從一種新型織物上剪下來的一般。他們的經常機械性行為導致他們被一些人描述為像機器人。對這些「人」中的很多描述都非常奇怪。新澤西州懷爾德伍德（Wildwood）的一個商人家庭曾有一位異常高大的男人來拜訪，他坐下時褲腿翹起，露出一根綠線移植到他的皮膚上，並沿著他的腿向上延伸。大雨過後，在潮濕泥濘的田野的另一邊，也出現了其他 MIB 案例，但他們閃亮亮的鞋子上沒有任何泥土，在寒冷的隆冬中，只穿著薄薄的外套。他們的鞋子和錢包看起來都是新的，幾乎沒有破損。他們並不孤單，似乎在國家的郵局和電話公司中有匿名的同謀。

研究人員和目擊者經常報告他們的郵件以異常高的頻率被誤投，並被奇怪的電話打擾，在那裡他們與似金屬、聽起來不像人的聲音說話。電話裡不尋常的噪音，每當提到不明飛行物時就會加劇，以及談話中的聲音，都讓許多人懷疑他們的電話被竊聽了。約翰．基爾（John A. Keel）是一位寫了很多關於 MIB 的作者。基爾在宣傳幽浮情況的這一怪異方面做得比任何其他作家都多。他認為幽浮是環境本身的一部分，來自另一個時空連續體；大多數不明飛行物現象是精神和心理上的，而不是身體上的。[30]

根據約翰．基爾的說法，MIB經常聲稱他們是「第三隻眼之國」的代表。根據早期接觸者之一，喬治．亨特．威廉姆森（George Hunt Williamson)的說法，在他的《其他語言，其他血肉》一書中，天狼星的地球盟友，即秘密社團，使用荷魯斯之眼（Eye of Horus）作為標誌。這個符號也出現在黑衣人（MIB）上。

秘密社團相信地球上有一個大白屋（Great White Lodge）。他們稱之為香波拉（Shambolla），並認為這是世界的精神中心。但現在，像愛麗絲貝利（Alice Bailey）這樣的神智學家說大白屋在天狼星上。

如果「全視之眼」（All-Seeing-Eye）是天狼星地球盟友的象徵，而MIB佩戴該標誌，如果香波拉代表地球上的大白屋，那麼MIB就是香波拉的使者。天狼星和香波拉是同一枚硬幣的兩個面。這在斯蒂芬．詹金斯（Stephen Jenkins）的《未被發現的國家》（*The Undiscovered Country*）一書中得到了證實。一些佛教徒告訴詹金斯，香波拉位於獵戶座。

地球上香波拉的入口通常位於跨喜馬拉雅地區。有人斷言它位於戈壁沙漠的中心。據探險家尼古拉斯．羅里奇（Nicholas Roerich）稱，喜馬拉雅山腳下的洞穴有地下通道。在其中一個通道中，有一扇從未被打開過的石門，因為打開的時間還沒有到。一九三〇年，多雷爾（Doreal）創立了白廟兄弟會（Brotherhood of the White Temple）。他說香波拉的入口在很遠的地下，他接著說時空在香波拉周圍彎曲，有一條通往另一個宇宙的扭曲。[31]

前文提到《格雷達條約》的參與成員團體可能涵蓋了不只一種外星人及不只一種灰人，其中更有包括金髮白膚藍眼的高大白人（Tall White）（後文簡稱「高大白」），此種族的某些團體在二戰期間及之前曾與維爾（Vril）協會及納粹合作，如今又參與美國的軍工科研工作，他們對地球事務的涉入可謂積極矣！在進入「高大白」的主題之前，先聊聊「金星人」。為何談高大白，又兼談金星人？原因是兩者一為我們的遠親，另一為我們的近鄰。他們皆為人形種族，且對地球人類皆友善。

4.3 金星人與高大白的傳奇

艾森豪威爾總統與外星人的接觸似乎都局限於昴宿星人與灰人兩類，事實上一九五七年另有我們的鄰居金星（Venus）人也來湊一腳。根據一九四六—四七美國海軍南極跳高行動（Operation High Jump）負責人理查德．伯德少將（Rear Admiral, USN retired Richard Evelyn Byrd, 1888-1957）的侄兒——哈雷．安德魯．伯德（Harley Andrew Byrd）在《五角大廈的陌生人》一書前言中提到的一段軼事：[32]

一九五七年三月中旬我們收到了亞歷山大（Alexandria）警察局的緊急訊息。該訊息表明，他們的兩名值班警官接住了一名在五角大廈大道（Pentagon Boulevard）以南約一四〇哩處著陸的外星人，並將乘員帶到五角大廈內與國防部副部長會面，然後搭乘地下運輸到白宮，與艾森豪威爾總統及尼克森副總統會面。

會議持續了將近一小時，外星訪客被賦予 VIP 身份，並被送回五角大廈。在那裡外星人在大廳附近一樓的陸軍接待處過夜，這個外星人的名字叫瓦林特．索爾（Valiant Thor）。《五角大廈的陌生人》作者弗蘭克．斯特蘭奇（Frank E. Stranges）認為，這也許是軍方官員首次記錄到人類型外星人的登陸，但也不一定正確，一九五四年二月艾森豪威爾總統與昴宿星人在愛德華茲空軍基地的碰頭才是首次。

瓦林特．索爾與總統討論了世界性問題，並就如何處理與消除這些問題提供了建議和諮詢。他向總統指出，世界處於不穩定狀態，如果世界繼續在戰爭的基礎上前進，這將是一種自我毀滅的模式，那將導致整個世界的經濟失衡。瓦林特．索爾留在地球上直到一九六〇年三月十六日，才乘坐飛船回到他的家鄉——金星。

索爾說，他的族人都居住和生活在地下，整個宇宙的許多行星都以同樣的方式維持生命。（註：賽波星的埃本人因天上有兩個太陽之故，他們通常也是生活在地下。）最後，他談到基督與宇宙同在的問題，並說能看到基督的先進教誨持續著，他至感安慰。

高大白對地球的關心及對人類的態度當然優於灰人，但比起金星人，他們似乎懷有企圖心。大部份的高大白來自稱為「七姊妹」的昴宿星團（Pleiades Group），這是最明亮和最接近地球的開放星團（clusters）之一，其中包含三千多顆恆星。[33]居住在這星團的北歐人，雖然其外表與地球人類幾乎相同，但生理方面存在著細緻的差異，其中大多數是基於他們成長的生活條件。

此外，據秘密太空計劃局內人馬克·理查茲上尉的說詞，昴宿星人和北歐人是不同的種族，他們看起來也不一樣。有一種方式可以判斷的是北歐人實際上有白色的金髮（white blond）和其他一些不同的身體，但昴宿星人的頭髮是與他（指馬克）是相同顏色的金色髮（golden blond）。[34]（以上馬克的說法可能將昴宿星的北歐人與高大白混肴了，前者的頭髮呈金黃色，後者呈白金色）

已知最早與高大白的相遇是發生於一八九六年十一月，當時卡米爾·斯普納（Camille Spooner）和他的旅行搭擋肖上校（Col.H.G.Shaw）在加州洛迪（Lodi）附近的一條鄉間小路偶遇數名高大白。兩天後加州斯托克頓（Stockton）的斯托克頓晚報（Stockton Evening Mail）刊登了一篇詳細介紹該事件的報導。[35]

另一個案例是涉及一位名叫查爾斯·霍爾（Charles Hall）的前軍事飛行員，一九六五年（或一九六三年？）至一九六七年，他在內利斯空軍基地（Nellis AFB）所在的印弟安斯普林斯（Indian Springs）的兩年值勤（擔任值班氣象觀察員）期間，經常看到高大白定期與高層領導人會面。他離開空軍二十年後才開始寫下他與高大白的經歷，之後又等了二十年才以小說形式發表，但他隨即告訴人們說，書中所寫是真實的，並非小說。

霍爾的經歷記錄在他的三本著作《千禧款待》中。[36] 邁克爾・薩拉博士於二〇〇四年十二月二日親自採訪了查爾斯・霍爾，十二月五日至十四日又用電子郵件向他進行訪問。薩拉問了很多問題，有些問題涉及霍爾在一九六五年於內利斯空軍基地值勤時遇到的高大白外星人。薩拉認為霍爾在內利斯空軍基地服役時遇到的外星人是可靠的見證。[37]

霍爾說，在其第二冊書中指稱，在一艘高大白的偵察飛船內部，曾看到許多物品貼有波音和洛克希德的標記，而高大白穿的衣物顯然是直接從 Sears 和 Montgomerywards 的目錄中購買的。高大白在推進系統及光纖繞組本身完成了所有的工作，他們不允許任何美國空軍人員觀察施工過程。

霍爾也說，高大白在地球上總是使用反重力推進的太空飛船和偵察飛船。核動力飛船僅由美國空軍使用，前者的速度要比後者快多了。……我親眼看到高大白使用他們的偵察飛船（載了一群 USAF 的將軍）在太陽剛升起後，而月亮在第四象限時，從印地安斯普林斯山谷直接起飛。飛行器總是朝著月亮前進，然後在同一天稍晚，我又親眼看到同一艘飛船在正午之前返回山谷並降落。當將軍們走下偵察船時，他們笑著就像是從世界上最好的遊樂園回來一樣。[38]

霍爾說，高大白的壽命大約是人類的十倍，他們經常將地球作為大型星際飛船的停靠港。飛船裝載童裝、成人服裝和食品，還包括鋁和鈦等純淨精練金屬。他認為任何人類（包括美國政府或其他政府）都不敢對高大白說「不」或試圖限制其意願。薩拉博士認為高大白乘載著大型星際飛船的材料（如鋁鈦）、食物以及衣服等，表明星際貿易正活躍著，高大白正扮演星際商人的角色，他們可能正與人類之外的其他外星種族進行交易。

另一個可能性是，高大白正使用這些衣服提供給居住在其他地外行星但來自地球、且受高大白控制或邀請的人類使用。霍爾又說，印弟安斯普林斯建立了一個秘密的地下基地，用以容納外星人及其先進的星際飛船。內利斯空軍基地的外星人謠言可以追溯到一九五〇年代中期，這與在艾森豪威爾執政期間達成協議的證詞相符。[39]

霍爾聲稱，這些外星人通常大約五呎十吋至六呎，較高的高大白會高至六呎四吋。他們的身材瘦弱，白色的皮膚，藍色的大眼睛和近乎透明的鉑金頭髮。他們的眼睛也許是人類眼睛的兩倍大，並且比人的眼睛在頭的兩側，明顯伸展得更多。隨著年紀的增長，其身材越來越高，眼睛的顏色從藍色變成粉紅色。值得注意的是，羅伯特・迪恩提到的高個子白人是一九六三年北約評估中提到的四組外星人種之一，但其身材更高（六呎到九呎），且無體毛，故不清楚這些高個子是否與霍爾描述的高個子白人屬於同一類。[40]

高大白可以精確模仿人類的語音，以致如果有人用電話說話，就不可能知道那是否是人類的聲音。高大白的行星非常炎熱與乾燥，而且大氣中的氧氣含量也低。為此，他們具有比人類更大的肺活量，並且具有銅基血液，以便更有效地攜帶氧氣。其眼睛受到內眼瞼的保護，可以使他們看到光譜的紫外線範圍。他們只有二十八顆牙齒，沒有後臼齒，頭部比人類長，沒有可辨認的指甲，皮膚像天鵝絨，很細膩，呈粉筆白色，小嘴及薄嘴唇。腦殼厚約零點二毫米，骨頭比人類骨頭硬。就腦結構與大小而言，其大腦與人腦相同，但中腦區域則不同，該區域具有允許心靈感應和心靈運動技能的功能，這解釋了北歐人的靈能。[41]

北歐人的平均高度約為兩米（但也有高到難以置信的三米），雌性約一點七米。平均體重男性九十公斤，女性七十公斤；體溫男性及女性皆華氏九八點六度，他們都沒有汗腺。[42]皮膚允許從空氣中吸收水分以及滲透水分，心臟每分鐘跳動二四二次左右，平均血壓為八十收縮壓（systolic）和四十伸張壓（diastolic），他們有極度膨脹的血管。心臟位於人類肝臟所在的位置，保護北歐人心臟的軟骨較人類的軟骨向下延伸了三點五厘米，以進一步保護其心臟。

他們的血液細胞是雙凸的，人類則是凹細胞。腎臟類型的功能只能讓吸收的液體排出大約一半之量，其餘的顯然是放回系統中。尿液富含礦物質，其質地和顏色類似於剛從地下抽出的原油。糞便是除去所有水分的乾燥顆粒。成年北歐人可以調節體內的腎上腺素含量，他們沒有松果體（pineal gland）。雌性北歐人可以隨時受孕，但是雄性每年只能受孕一次，醞釀（incubation）期為三到五個月。[43]

北歐人並非僅來自昴宿星團，他們部份（紅頭髮）也來自獵戶星座。獵戶座的人形生物是一群聲稱與美國政府合作，共同展開「黑行動計劃」的組織。他們高度涉及通過使用心理控制來影響世界人口，他們也一直在進行遺傳工作，在這些工作中他們改變人類的精子或卵子，以致所有後代都會產生具有新特徵的雜種。據此，人類將交配並創造出具有外星遺傳基因的孩子。

獵戶座的開放星團本身是一個聯合的爬蟲人——灰人帝國，該帝國正竭力破壞人類在太陽系中的存在地位。特別值得一提的是，銀河系中的人形生物種類繁多，根據《圖鑑外星人》一書的分類，其中包含人類、矮灰人（Short Gray）、矮非灰人（Short Non-Gray）、巨人（Giant）及非典型人（Non Classic）等五類，而每一類又有數個變種。[44]根據以上分類，北歐人當然是屬於人類，他們來自昴宿星團及獵戶座。除此，同屬人類，但並非屬於北歐人的另一分支則來自天狼星（Sirius），其頭髮是黑色的。

若據 bibliotecapleyades.net 網站的外星種族分類，人形外星人分為 ABC 三型：[45]

(1) A型人類

他們具有與地球上人類相似的遺傳基礎，身高似乎正常（五~六呎？），且往往有金髮和白皙皮膚。這些實體大都居於獵戶座，有紅色頭髮。他們是已被灰人綁架或者是被綁架者的後代，已被灰人訓練為僕人，並完全服從於灰人。

(2) B型人類

這些人的遺傳基因與地球人類以及為灰人服務的人類幾乎相同。他們來自昴宿星，具有金髮碧眼和白皙皮膚。這種類型是真正高度進化、屬靈、仁慈的，他們與地球人類有血緣關係，並且是此時唯一被地球人類真正信任的外星人。他們曾有一次（指一九五四年二月）提出要協助地球領導人解決與其他外星人的問題，但遭到拒絕，因此暫時採取了一種「放手」的方式。據說這些外星人（指北歐人）是人類的遠祖，目前他們在地球的數量尚不多。

(3) C型人類

據說他們是人類高度發展的另一種高度慈善的精神類型。他們的外表與其他人形外星人相似，有黑色頭髮。他們來自天狼星，目前除了擔心灰人外，似乎甚少參與地球各類事件，他們可能希望對人類有所幫助。

除了以上ABC三型人類外，還有其他一些來自大角星（Arcturus）和維加（Vega）的人形外星人，他們在精神上具有更加高度進化的本質，顯然知道地球上的情況，也因而考慮了一些可能的行動方案。北歐人是金髮人（Blonds），但實際上並不存在金髮外星種族（即無Blond race）。有數個類人種族，他們都是金色頭髮，這些人分別來自昴宿星、海德斯（Hyades）、普羅西翁（Procyon）、又稱為鯨魚座T星的天倉五（Tau Ceti）與天琴座（Lyra）。實際上，以上這些星球都居住著天琴人的白種人；而達爾文（DAL）和烏米特（Ummites）的居民也有一頭金髮。

灰人有時利用綁架行動中看起來像金髮的人與被綁架者互動。這些金髮人不是上文提到的金髮人，他們是由灰人通過基因雜交，由人工創造出來的灰人／人類混合種。一些被綁架者提到，所有這些金髮碧眼的人看上去個個幾乎是相同的，因此稱其為金髮碧眼的「克隆人」。布蘭頓在《Dulce Material》中提到，牽牛星（Altair）系統的第四顆行星（稱為Altaira）上的一群北歐人居民與灰人種族合作，他宣稱這些人並非德拉科帝國的一部份，但他們大量參與綁架人類，及參與北歐人和人類雜交的計劃。[46]

邁克爾・沃爾夫博士的Alphacom團隊發現，許多看起來像人類的外星人目前就生活在我們之中，他們呼吸我們的空氣，在大街上走路時看起來完全跟我們一樣。僅在西班牙就有大約一千名北歐外星人居住。他說，北歐人擁有完美且非常敏感的感情，臉上幾乎沒有縐紋，約六呎高，很乾淨，無體臭；主要通過心靈感應進行交流。但是在地球上，他們會使用植入的小型語音信箱與人類交流。

儘管消化器官不同，但北歐人的內部器官與我們非常相似。他們不須要每天吃東西，他們的細胞不會死，因為其遺傳學與人類不同。他們有強大的精神能力，可以通過一個單一的想法就可以開啟一個維度門戶，接著就消失了。其想法就是一種能量，沃爾夫博士親眼看到他們的這種能力，他們生活在一個比我們高多了的維度（這意思是我們看不到他們？）。[47]

一九九〇年的一個午後，一架由F—16戰鬥機護送的外星人飛機降落在繁忙的波多黎各旅遊區，外星人走出來並混雜在眾多平民之間。沃爾夫博士說，這是在測試公眾反應的一種嘗試。該島的市長寫了一封信給布希總統，信中說：「起初我們為所有的目擊事件感到高興，但後來人們感到苦惱，我要告訴他們什麼？」總統將此訊息轉交給沃爾夫博士。[48]

4.4 人工智能外星人：未來潛在最大的敵人

曾任國家安全委員會（NSC）政策管理部門顧問的邁克爾．沃爾夫博士在其《天堂守望者》一書中透露，他與外星人一起工作是其職責的一部份。他說，當他在極其保密的地下政府實驗室進行研究時，每天都會遇到外星人，並與他們生活在同一空間。他說，澤塔人應美國政府的要求在地下設施中工作，外星人並未違反美國政府與澤塔人的約定，但政府通過虐待外星人，並試圖向幽浮開火而破壞了條約。

沃爾夫博士還描述了極富人類特色，被稱為北歐人和猶太人（Semitics）的種族。他說：「猶太人和北歐外星人分別來自距離我們太陽十六點七光年的牽牛星座（Altair）IV及V，以及來自昴宿星團。」沃爾夫並透露，一九五四年美國政府在俄亥俄州萊特．帕特森空軍基地的十八機庫「藍屋」（Blue Room）中收存有四具外星人屍體，這些屍體是來自墜毀的幽浮。第一艘幽浮於一九四一年墜入聖地牙哥以西的海洋，後來被海軍回收，從那次事件之後海軍一直在幽浮事件中起了領導作用。又據沃爾夫博士說，一九四七年羅斯威爾的兩艘飛碟墜毀之前的一九四六年，另有一起墜毀事故，但他未提供進一步詳情。[49]

也許有人會好奇地問，從一九四一年迄今墜毀的外星飛船中，是否曾發現人工智能（Artificial

Intelligence，簡稱 AI）或人形生物機器人？就筆者有限的幽浮知識而言，迄今我未發現有這樣的線索。至於利用或主導人工智能的外星生命形式的滲透，這樣的案例過去曾發生過。一九五六年到一九七八年期間，在義大利非常活躍的 Amicizia/Friendship 外星人，其基地被人工智能外星人摧毀後，Amicizia 離開了地球。[50]人工智能外星人一直在與更積極幫助地球人類的外星訪客交戰，以影響人類事務。令人不安的是，它們一直在默默地鼓勵人類發展，使人類更加依賴人工智能，這種情勢很可能將導致科里．古德所描述的未來的「AI 信號」的全球統治局面。[51]

科里．古德聲稱，美國軍方未曾忽視這個問題，他所服務的太空計劃已將外星人的「人工智能訊號」識別為存在的威脅。他說其服務的太空計劃已制定詳細的安全程序，以識別能顯示出有 AI 影響證據的個人或監測和消除「AI 信號」，該訊號不僅具有滲透先進技術的能力，而且還有滲透生物系統的能力。避免 AI 滲透危險的最好方法，是對自己形成主權喪失的潛力進行教育，過於依賴技術更讓自己有更多機會成為受 AI 影響力控制的目標，甚至可能成為被生活在人體生物電場中的「AI 信號」感染的目標，然後該訊號將影響自己的思惟和行為方式。[52]

古德說，地外文明在觀察 AI 如何佔領許多其他世界有著豐富的經驗，而這卻導致了當初創造 AI 土著居民的滅絕。如今地球文明的發展也面臨類似的威脅，量子計算機不僅在軍事演習中發揮作用，在掌控人類領域的高層決策中也發揮作用。如果允許基於量子計算機的 AI 在未來的戰鬥中接管高層決策，很可能最終的結果就是 AI 接管人類，而這將允許外來 AI 信號滲透到負責建構量子計算機系統的人類精英。

有證據表示，古德所描述的AI信號已經滲透並接管了精英人群，谷歌工程技術總監雷・庫茲韋爾（Ray Kurzweil）在二〇一五年六月三日表示，為了使用雲端互聯網並執行其他複雜任務，到二〇三〇年大多數人將在大腦中植入奈米機器人以增強人類智能。庫茲韋爾相信，未來人類將把AI整合到他們的生物體中，屆時我們的思惟將是生物學思惟和非生物學思惟的結合。而二〇一五年七月一日臉書的共同創辦人兼首席執行官馬克・扎克伯格（Mark Zuckerburg）則認為，人工智能在我們的主要意識上要比人類好。這表示AI在處理和決策來自自然環境的感官數據比人類管用。[53]

秘密太空計劃局內人馬克・理查茲上尉在受訪時說，並未有人工智能跑到地球。然而，他說人工智能存在很多危險，正是我們所謂的最大潛在敵人之一。他談到現在四處走動的人類已被人工智能所接管，他還談到機器人（Robots）。換句話說，我們面臨的最大威脅之一可能是即將到來的機器人種族，顯然它是一個在AI界面上運行的，看起來像人形的種族。至於納米（Nano），他說，那是對人類的另一大危險。他說他有這方面的親身經驗。[54]

二〇一五年六月十一日至十四日舉行的年度畢德堡集團會議上，人工智能是討論的主要話題，其次才是網路安全。值得注意的是，畢德堡集團代表了控制許多參與各種太空活動的陰謀集團——卡巴爾（Cabal）的利益。據國家安全委員會（NSC）內特殊研究小組（英文簡稱SSG，即以前的至尊十二）的高級成員邁克爾・沃爾夫博士說，涉及不明飛行物掩飾的軍事和情報機構內，存在一個黑暗及隱蔽的偏執狂陰謀集團，他們害怕並討厭外星人，是由海軍副部長所領導。[55]

陰謀集團對一些軍工企業組織（如諾斯羅普．格魯曼公司及洛克希德．馬丁公司）的滲透如此之深，以致對後者進行了有效控制，因此也有效控制了飛船的發展和特殊用途。他們反對並故意破壞與外星訪客進行的和平談判的目標。在沒有任何總統或國會授權的情況下，利用其不斷增長的反重力艦隊試圖擊退星際訪客，甚至使用包括中性粒子束在內的「星際大戰」武器擊落外星飛船，並通過軍事力量壓服外星人。[56]他們囚禁倖存的外星人俘虜，並試圖用武力獲取訊息，外星人給我們的技術現在正被他們用於對付外星人。實際上，美國空軍和海軍太空司令部的一些部門，正在為這種太空戰爭做準備。[57]

一名被陰謀集團認為是友好的高級軍官，他因不喜歡該集團的作為，故將該集團的計劃和活動信息傳遞給沃爾夫博士。陰謀集團控制了一些著名的幽浮調查員，沃爾夫說，美國一個主要的民間幽浮組織負責人，其地位是取決於他在陰謀集團中的地位。他補充說，加拿大的另一位幽浮學家藉著批評或侮辱各種幽浮研究者而獲得報酬。這位幽浮專家在幽浮研究方面享有很高聲譽，但他是不配的，原因是他從情報界內部一位高階官員那裡獲得許多洩漏的訊息，因此他確切地知道需要尋找哪些幽浮數據。那位幽浮學家現在經常碰壁，因為他的內部管道不再可用，因為那位局內人去世了。[58]（按：我懷疑沃爾夫博士口中的這位加拿大幽浮學者指的就是二〇一九年五月十三日去世的斯坦頓．弗里德曼，Stanton T. Friedman）

其次，談及至尊十二與陰謀集團之間的互動關係：邁克爾．沃爾夫博士領導的至尊十二Alphacom小組以及至尊十二本身的一些政策，受到海軍情報部門內另一機構——卡巴爾一定程度的挑戰。至尊十二在某種程度上似乎是一個派系組織，其內部有人主張與灰人談判，有人主張殲滅他們。卡巴爾本身的意圖從沒有動搖，也沒有任何藉口，他們就是不與灰人進行談判。他們顯然認為，過去與灰人的互動中有足夠的證據表明，灰人永遠不會遵守任何既定條約，因此他們了解的唯一談判方式就是使用蠻力與灰人硬幹。[59]

美軍內部陰謀集團的事情此際暫告一段落，話分兩頭，且說古德在評論人工智能時透露，他從一位化名「岡薩雷斯」（Gonzales）的中校口中得知，白色皇家德拉科尼亞聯盟（Draconian Federation）的頂端，真正的霸主是負責創建人工智能的ED（Extra Dimensional），它們以某種方式對我們稱為ED/ET人工智能的實體負責，這些實體為ED征服了整個銀河系。[60]

上文提到的消息提供者岡薩雷斯，他曾參加德拉科尼亞聯盟的會議。德拉科尼亞聯盟似乎是一個嚴格的等級制組織，是由一個稱為「德拉科人」（Draconians）的好戰外星種族組成，此種族的成員平均有十四呎高，重達一八〇〇磅，有翅附肢，具有非常強大的心理能力及非常機靈與聰明，外形看上去就像巨龍，有可能極為險惡，其統治階級是古德形容為白皇德拉科人的一群人。[61]

據亞歷克斯．科利爾的說法，白皇德拉科是我們銀河系中最古老的爬蟲人。古德聲稱，他與白皇德拉科曾經面對面，後者負責德拉科尼亞聯盟在我們太陽系中的活動。[62]

據雷塞達檔案（Lacerta Files）[63]，地球土著的爬蟲人與定期訪問地球的外星爬蟲人（即德拉科人，又稱「德拉科斯」（Dracs））不同。據托馬斯．卡斯特羅，德拉科斯掌控著地球土著爬蟲人，而後者又掌控著高灰人和矮灰人，德拉科斯則居於軍工複合體的頂端。有人估計，目前至少有二千萬灰人在地球表面下的地下基地或自然洞穴系統內活動，還有一些人認為，二千萬灰人是保守估計。

本書至此已談論了約八種外星人，包括灰人、埃本人、爬蟲人、天狼星人、巨人族、金星人、北歐人與人工智能等。但宇宙之大，無奇不有，浩浩銀河，包含的恆星數量約在兩千億至四千億顆之間，還有至少一千億顆的行星。因此，就算只針對銀河系，其外星人數目也絕不限於以上八種。秘密太空計劃局內人馬克．理查茲上尉在受訪時另提供了其他四類外星人。[64]首先是曾拜訪馬克和其他人的一種氣態生物，他們看起來像灰雲，可以在這裡（地球）生存。

其次是銀河系的商人種族——佳能人（Canonians），他們喜歡人類，經常戴著兜帽，進入商場等觀看人類並玩得很開心。他們認為地球是跳躍到其他系統很好的起點。這個銀河系的商人種族，迫不及待地等待披露，以便他們能向我們推銷。他們的地下基地需要一個安全的地方，而地球對他們來說是安全的。他們呈直立人形，臉像獵犬，故被稱為「狗種族」。

太空司令部與佳能人達成了交易，在澳大利亞為他們建造一個地下基地作為交換，我們獲得了暗能量，可以跨維度（inter dimensional）旅行並遠行。佳能人有時會在適當的天氣下穿著雨衣出門，遮住臉，然後在公眾中走出去，這對他們來說只是享受，其行為類似於查爾斯．霍爾（Charles Hall）報導的高大白人。

另一類外星人是猛龍族（Raptors），他們的外型有點像爬蟲人，乍看起來像史蒂芬史匹伯侏羅紀公園（Steven Spielberg Jurassic park）的角色。他們約四英尺高，彎腰駝背，身體蜷縮在非常大的大腿上，但如果伸展開來身子大約有八英尺高。非營利組織——美國地球防禦總部的支持者認為，在六六〇〇萬年前隕石撞擊地球之前，有幾隻在侏羅紀公園系列電影中揚名的恐龍，被外星人乘坐太空船從地球上救出，他們後來成了回到地球上的猛龍族的始祖，此種說法確實無法想像。[65]

猛龍族為幫助人類所做的任何事情都可能被爬蟲族（Reptoids）和穴居人（Trogs）用來當藉口並對付他們。

猛龍女皇查看了莫比烏斯（mobius）未來時間線，他們與人類結盟的時間線對他們的種族最有利。所以他們現在致力於與人類合作（而不是吃他們），這導致猛龍最接近美國空軍，但在一九五四年簽訂條約之前，猛龍一直在吃人。有另一群猛龍不同意女皇的決定，並因此與納粹／爬蟲類人合作對抗人類，他們和人類一起住在由納粹建造和運營的新柏林（New Berlin）基地。據馬克．理查茲說，海軍確實在與一群爬蟲人交戰，這些爬蟲人本質上是一群在環太平洋地區擁有海底基地的爬蟲人，他們已經對其中一些爬蟲人進行著核彈攻擊。

馬克同時承認他的任務有必要時會與納粹合作，據說，俄羅斯人更傾向於爬行動物，而中國人則與毛茸茸的人形種族或／和澤塔人（Zetas）結盟。[66]中國人知道他們正在與一個為其提供新技術的新種族打交道。[67]

馬克提到的另一種奇異外星人是稱為"JOTUNS"的水晶生物，他們是多元宇宙的間諜，被其他種族使用，他們可以變形成任何形狀（沙發、人類），並且與真實事物無法區分，變形條件是只能採用近似於他們自己真實尺寸的形狀。他們對人類不友善。最後馬克提到另一種奇怪的外星生物實體——MINERVA，這是一艘太空船，與太陽系的其他同類保持聯繫，技術比我們先進四萬年，她認為人類像跳蚤一樣刺激她。關於MINERVA，馬克沒有提供進一步的訊息。[68]

當然，除了以上馬克提到的四類外星人之外，若真有二千萬灰人居住於地球，則其中必少不了埃本人這一外星族裔。埃本人的飛船自從於一九四七年七月（較正確日期應是六月）於新墨西哥州羅斯威爾附近墜毀之後，與美國政府即建立了聯繫，最終也導致雙方交互安排訪問人員。

註解

1. Justin Deschamps, Notes and Commentary from Mount Shasta Secret Space Program Conference. September 8, 2016
http://www.theeventchronicle.com/uncategorized/notes-commentary-mount-shasta-secret-space-program-conference/

2. “Greada Treaty”, http://www.thenightsky.org/greada.html
Accessed 7/14/19

3. 轉引自 Michael E. Salla, Ph.D., Eisenhower’s 1954 Meeting with Extraterrestrials: The Fiftieth Anniversary of First Contact. First published January 28, 2004. Revised February 12, 2004. http://www.abidemiracles.com/56789.htm

4. Ibid.

5. Phil Schneider, “MUFON Conference Presentation, 1995”，轉引自 Michael E. Salla, Ph.D., first published January 28, 2004, Revised February 12, 2004. Op. cit.

6. Richard Boylan, Ph.D., Member of the MJ-12 Committee (UFO-Secrecy Management Group) Reveals Insider Secrets. Copyright 1997 (2019 rev.)
https://www.drboylan.com/wolfdoc2.html

7. Michael E. Salla, Ph.D., first published January 28, 2004, Revised February 12, 2004. Op. cit.

8. Dr Michael E. Salla, The Dulce Report: Investigating Alleged Human Rights Abuses at a Joint US Government-Extraterrestrial Base at Dulce, New Mexico.
September 25, 2003. https://exopolitics.org/archived/Dulce-Report.htm
Accessed 6/28/19

9. Space Command-Project Camelot Interviews with Captain Mark Richards by Kerry Cassidy. 2nd Interview with Capt. Mark Richards by Kerry Cassidy on August 02, 2014. https://www.bibliotecapleyades.net/sociopolitica/sociopol_globalmilitarism180.htm Accessed 6/26/19

10. Ibid.

11. Jacobs, David M., Ph.D. The Threat-Revealing the secret alien agenda. A Fireside Book Published by Simon & Schuster (1230 Avenue of the Americas, New York, NY 10020), 1998 (First Fireside Edition 1999), p.20

12. Michael E. Salla, Ph.D., first published January 28, 2004, Revised February 12, 2004. Op. cit.

13. Jacobs ((1998), op. cit., p.16

14. Michael E. Salla, Ph.D., first published January 28, 2004, Revised February 12, 2004. Op. cit.

15. Carlson, Gil. The Yellow Book. Blue Planet Project Book #22, Kindle Edition, 2018、p.29

16. The Serpo releases 1-21, 2 November, 2005 to 30 August, 2006. / www.serpo.org

17. Release 23: The ‘Gate 3’ Incident (updated). A Special Report by Victor Martinez http://www.serpo.org/release23.php

18. Carlson, Gil. Blue Planet Project: The Encyclopedia of Alien Life Forms, Wicket Wolf Press, 2013,

p.19

19. Branton, The Dulce Book: What's going on near Dulce, New Mexico? Copyright 1996, reads.com. Chapter 27: Dulce And The Secret Files Of A U.S. Intelligence Worker. https://www.bibliotecapleyades.net/branton/esp_dulcebook32.htm

20. Carlson, Gil, 2013. Op. cit., p.71

21. Carlson, Gil. 2018. Op. cit., pp.92-93

22. Ibid., p.93

23. Michael E. Salla, Ph.D., first published January 28, 2004, Revised February 12, 2004. Op. cit.

24. Ibid.

25. Ibid.

26. "Greada Treaty", op. cit.

27. "J-Rod", http://www.exopaedia.org/J-Rod

28. Release 23: The 'Gate 3' Incident (updated) ‥ A Special Report by Victor Martinez http://www.serpo.org/release23.php

29. Release #36: The UNtold Story of EBE #1 at Roswell http://www.serpo.org/release36.php

30. Carlson, Gil. 2018, Op. cit., pp.10-12

31. Ibid., pp.94-95.

32. Strangers, Frank E., Stranger at the Pentagon, Revised Edition, Universe Publishing (North Hollywood, California), 1991, pp.14-15

33. Release 23: The 'Gate 3' Incident (updated), op. cit.

34. Space Command-Project Camelot Interviews with Captain Mark Richards by Kerry Cassidy, 2013-2014. Interview 1: Total Recall-My interview with mark Richards, November 8, 2013。
https://www.bibliotecapleyades.net/sociopolitica/sociopol_globalmilitarism180.htm
Accessed 6/26/19

35. Hybrids Rising, Tall Whites, Pleiadians and Blond Nordic ETs.
https://hybridsrising.com/Hybrid-Project/Hybrids-Rising-Tall-Whites-HP.html

36. 霍爾（Charles James Hall）的三冊《千禧款待》如下：

(1) Millennial Hospitality, November 1, 2002

(2) Millennial Hospitality II: The World We Knew Charles Hall, January 22, 2003

(3) Millennial Hospitality V: The Greys, December 28, 2012

37. Michael E. Salla, PhD, December 16, 2004. 'Tall White' Extraterrestrials, Technology Transfer and

Resource Extraction from Earth.
https://www.bibliotecapleyades.net/vida_alien/esp_hall05.htm

38. Ibid.
39. Ibid.
40. ‘Tall Whites’, http://www.exopaedia.org/Tall+Whites
41. ‘Alien Races’, https://www.bibliotecapleyades.net/vida_alien/alien_races00.htm
42. Branton, The Dulce Book: What’s going on near Dulce, New Mexico? Copyright 1996, reads.com. Chapter 27: Dulce And The Secret Files Of A U.S. Intelligence Worker. https://www.bibliotecapleyades.net/branton/esp_dulcebook27.htm
43. ‘Alien Races’, https://www.bibliotecapleyades.net/vida_alien/alien_races00.htm
44. Huyghe, Patrick. The Field Guide to Extraterrestrials-A complete overview of alien lifeforms based on actual accounts and sightings, Avon Books (New York, NY), 1996, p.16
45. ‘Alien Races’ op. cit.
46. ‘Blonds’, http://www.exopaedia.org/Blonds
47. Chris Stonor, October 2000, The Revelations of Dr. Michael Wolf on The UFO Cover Up and ET Reality.

https://www.bibliotecapleyades.net/sociopolitica/esp_sociopol_mj12_4_1.htm

48. Richard Boylan, Ph.D., Extraterrestrial Base on Earth Sanctioned By Officials Since 1954, Now Revealed.
https://www.bibliotecapleyades.net/vida_alien/extraterrestrialbase.htm
Accessed 6/8/2019

49. Ibid.

50. Stefano Breccia, Mass Contacts, 2009, AuthorHouse, UK Ltd.

51. Salla, Michael E., Ph.D., The U.S. Navy's Secret Space Program & Nordic Extraterrestrial Alliance. Exopolitics Consultants (Pahoa, HI), 2017，p.198

52. Salla, Michael E., Ph.D., Insiders Reveal Secret Space Programs & Extraterrestrial Alliances, Exopolitics Institute (Pahoa, HI), 2015, p.219

53. Ibid., p.220

54. Space Command, Interview 1, op. cit.

55. 海軍副部長科姆・麥格拉思（Colm McGrath）創立了 CABAL 組織，並展開了涉及中性粒子束武器及其混合動力的各種計劃，這些武器旨在對抗埃本人與灰人，他們對爬蟲人也可能不放心。

見 Branton, The Dulce Book: What's going on near Dulce, New Mexico? Copyright 1996, reads.com. Chapter 32: Revelations Of An MJ-12 Special Studies Group Agent, p.387
http://www.thewatcherfiles.com/dulce/chapter32.htm

56. Richard Boylan, Ph.D., Official Within MJ-12 UFO-Secrecy Management Group Reveals Insider Secrets. https://www.bibliotecapleyades.net/sociopolitica/esp_sociopol_mj12_4_2a.htm#official

57. Richard Boylan, Ph.D., 2005, Classified Advanced Antigravity Aerospace Craft Utilizing Back-Engineered Extraterrestrial Technology.
https://www.bibliotecapleyades.net/ciencia/ciencia_antigravity.htm

58. Richard Boylan, Nexus Magazine, Volume 5, Number 3 (April-May 1998 Inside Revelations on the UFO Cover-Up
http://www.ufoevidence.org/documents/doc1861.htm

59. Branton, The Dulce Book: What's going on near Dulce, New Mexico? Copyright 1996, reads.com. Chapter 32: Revelations Of An MJ-12 Special Studies Group Agent. P.387
https://www.bibliotecapleyades.net/branton/esp_dulcebook32.htm

60. Salla, Michael E., Ph.D.,2015, op. cit., p.284

61. Salla, Michael E., Ph.D.,2015, op. cit., p.282

62. Ibid.
63. 據稱雷塞達檔案是一九九九年十二月一位名叫雷塞達（Lacerta）的爬蟲人女士受訪時的影音檔案，翻譯者是克里斯・菲勒（Chris Pfeiler）。見 youtube.com/watch?v=UThQqvEquAY (Accessed 7/12/2020)
64. Space Command, Interview 2, op. cit.
65. Shock claim: ‘Some dinosaurs left Earth before comet hit to become intelligent ET raptors’, by JON AUSTIN, Mar 18, 2016 https://www.express.co.uk/news/weird/653403/EXCLUSIVE-CIA-framed-hubby-for-murder-because-he-was-trying-to-tell-world-aliens-exist
66. Space Command, Interview 2, op. cit.
67. Space Command, Interview 1, op. cit.
68. Ibid.

第⑤章 埃本人墜落地球之獻禮：人類第一次跨太陽系星際之旅

一九四七年五月（據考證，較正確的日期應是六月）的一個大雷雨天，兩艘埃本人飛船因高壓放電導致失控，並進而互撞而墜毀於新墨西哥州，從此引發一連串的精彩故事。墜毀飛船內的外星宇航員，除一人存活，其餘都死亡。一九八一年三月六～八日 CIA 老特工在雷根總統的簡報資料中曾透露，一九四七年七月在新墨西哥州科羅納（Corona）墜毀現場發現的這名倖存外星人，就是被至尊十二稱為「外星生物實體 1 號」的 Ebe1。

假名「匿名者 II」的國防情報局（DIA）特工透露，Ebe1 是一名機械師而非科學家，身高四呎三吋，體重六十磅，穿著緊身連身衣，他有一個主要器官作為心臟和肺部，並有一個簡單的消化系統，其中一個器官是胃，另一個器官是腸。除此，找不到肝臟、胰腺和膽囊。他身上的緊身套裝能使其日常體溫維持在一〇一度，幾乎沒有變化。其血液是淺紅色，且含有類似人類的紅血球與白血球，其血液中還包含了美國科學家無法識別的許多東西。[1]

Ebe1 總是冷靜、善良與非常體貼，他從不興奮、粗魯與意氣用事。他喜歡社交，喜歡觸摸人；總是願意溝通或嘗試溝通。很快地，他學會了符號系統，最終能以一種非常簡單的方式學英語。不久 Ebe1 向美方相關人員透露了不少驚人訊息，其中包括他們一夥人來自何處？是怎麼來的？及為何訪問地球等。

自獲救後的整整五年間，Ebe1 都活著，杜魯門總統曾見過他。他雖盡了力，但也只能教導洛斯阿拉莫斯（Los Alamos）科學家 30% 的埃本人語言，原因是他的語言很難讓美方的語言學家學習，因為這包含音調，發起聲來像音樂，而非語言。而在墜毀飛船上的一些設備中，Ebe1 發現了一件完好無損的裝備，這是一具可向其母星發送和接收訊息的通信設備。Ebe1 向美方人員展示如何使用該奇怪設備。該設備有三個部份，理論上這三者組裝完成後，設備可以發出像摩爾斯電碼系統（Morse Code System）般的信號。但實際上通信系統組裝後卻無法發出信號。

Ebe1 不了解原因，後來洛斯阿拉莫斯實驗室的一位科學家發現，通信設施必須由外星飛行器內的能源設施充電才行，當這麼做了之後通信設施果然恢復正常功能。Ebe1 開始發送美方的信息，直到一九五二年六月十八日他因染疾去世才停止，而 Ebe1 的屍體後來則隨著一九六四年來到新墨西哥州會談的埃本人先遣人員帶返其家鄉。

從設備恢復正常到去世期間，Ebe1 共發出六條信息：

第1條：讓其行星知道他還活著。

第2條：說明一九四七年的墜機及其他機上同伴的死亡原因。

第3條：要求派出一艘救援船來救他。

第4條：建議與地球領袖舉行正式會議。

第5條：提出了某種形式的人員互訪建議。

第6條：為未來的地球救援或探訪任務提供了著陸坐標。

從賽波（Serpo）傳入的消息則提供了造訪地球的時間和日期（埃本人的日期和時間系統）並確認了著陸位置。然而，消息經 Ebe1 翻譯之後，卻將日期定為十多年之後。由於擔心此時生病的 Ebe1 沒有正確翻譯訊息，美國軍方的科學家（後文稱美方）開始根據他傳達的埃本人語言翻譯訊息。（注意：Ebe1 是一名機械師，並不是科學家，但他仍然能夠教美方一些埃本人語言。據記載，美方翻譯了大約30％的埃本人語言，但無法識別複雜的句子和數字。）只要他還活著，Ebe1 就會幫助美方。但是一旦他死了，那麼美方就得靠自己了。

美方在Ebe1 死後的半年內（一九五三年）持續發送幾條訊息，但是他們沒有收到任何回饋。在接下來的十八個月中微調了其努力，終於在一九五五年發送了兩條消息並收到回覆。他們求助於來自幾所美國大學的幾位語言專家，甚至還有幾位來自國外大學的語言學家。最後，美方能夠翻譯大部分消息並決定用英語回覆，目的是想看看埃本人英翻埃本語的能力是否能比埃本語翻英的能力還好；這是一項功夫與智力的考驗。

大約四個月後，美方收到了一封用蹩腳英語寫的回覆信函，其中句子包含名詞、形容詞但沒有動詞。美方花了幾個月的時間翻譯這些信息，然後他們再給埃本人發送他們的英語打字課程，目的是幫助他們學習英文。六個月後，美方收到了另一封英文信息。這一次更清楚了，但還不夠清楚。

埃本人混淆了幾個不同的英語單詞，但仍然無法完成一個正確的句子。但美方能夠為他們提供用英語交流的基本水平。在一條信息中，他們為美方提供了一種形式的埃本字母表，以及對譯的英文字母；美方的語言專家對這理解有困難。埃本文字是簡單的字符和符號，但美方的語言專家很難比較這兩種書寫語言。

在接下來的五年裡，美方能夠完善他們對埃本語的理解（在某種程度上），埃本人也能更理解英語。然而，美方遇到了一個大問題，他們試圖協調埃本人登陸地球的日期、時間和地點。雖然他們能聽懂一些基本的埃本人語言，埃本人也能聽懂一些英語，但美方看不懂埃本人的時間和日期系統，埃本人也聽不懂美方的時間系統。美方向埃本人發送了地球的自轉時間表、公轉、日期系統等；但埃本人從未明白這一點。

埃本人向美方發送了他們的系統，這對美方的科學家來說很難理解，因為他們是雙星系統，且埃本人並未解釋賽波行星或其系統的任何相關天文數據。最後美方決定只發送顯示地球、地標和時間段的簡單編號系統的圖片。埃本人發回了一條訊息，表明他們將在美方選擇的特定日期和地點造訪地球。日期是一九六四年四月二十四日，地點在新墨西哥州白沙導彈靶場（White Sands Missile Range）的南部。[2]

5.1 「賽波計劃」：美正式離開地球，飛往賽波星

透過 Ebe1 的搭線，美國政府因此能與埃本人的母星聯繫上，雙方確立了長達十三年的互訪計劃，這就是所謂的「賽波計劃」。DIA 特工「匿名」（Anonymous）在二〇〇五年十二月二十一日的第十一號電子郵件[3]及二〇〇六年一月二十四日的第十二號電子郵件中[4]逐字記錄了該計劃的整個細節。

然而在 Ebe1 死後的一九五三年的半年內，美方因缺乏協助，雖發出了幾條訊息，並沒有收到任何回覆。後來科學家做些微調整後，最終在一九五五年送出兩條信息，並收到回覆。美方人員最初僅能翻譯大約30%的訊息，經不斷努力，最終能夠譯出大部份訊息，並決定用英語回覆。就這樣雙方終於協定一九六四年四月二十四日（星期五）的首次埃本人登陸日期，但由於一些細節無法確認，最後的正式登陸時間發生在一九六五年，埃本人於內華達州測試場（NTS）登陸，而美方則派出十二名人員隨埃本人母艦至其可同時望見雙太陽的賽波母星造訪。

一九六三年十二月洛斯阿拉莫斯國家實驗室接到來自埃本人星球有關登陸的信息，信息中指定

了雙方先前同意的時間、日期與登陸地點，並說兩艘埃本人太空船早已上路，且將會按預定日程抵達。後來才知道，這趟旅程約須費時九個月，這是從後來太空船到達地球的時間反推，當美國人收到信息時埃本人太空船早已離開其母星六個月之久（地球時間），而正處在前往地球的途中。

不幸的是，極力促成與外星人交流及主張這方面的資訊應公之於眾的甘迺迪總統於同年（一九六三年）十一月二十二日遭暗殺，此時整個美國處於哀傷之際。有一些國防情報局計劃協調員想取消交流計劃，幸好，繼任的林登．約翰遜（Lyndon B. Johnson）總統在聽了任務計劃人員的簡報後，決定繼續進行交流。不過從「匿名」的旁註中得知，約翰遜總統並不真的相信會有此種情況發生。顯然，甘迺迪總統生前並未知會當時仍為副總統的約翰遜關於與埃本人交換大使的水晶騎士計劃（Project Crystal Knight）。而此情形的發生可能是因至尊十二告訴甘迺迪，有關與外星交換大使的絕密資訊不可與約翰遜或其他內閣閣員分享有關。

一九六四年四月二十四日下午正如預定的時程，兩艘外星航天飛船進入新墨西哥州上空的大氣層，第一艘船錯過了會合點，降落在新墨西哥州索科羅（Socorro）附近的某個地方，這約是預定著陸點北方一〇〇哩處。軍方送出一個訊息給飛船，指出它著陸在錯誤地點。第二艘飛船接到信息後，進行了導航修正。不久，約在黃昏時刻至夜間，它降落在位於白沙（White Sands）的精確指定地點，在那裡有個歡迎晚會正迎接著他們。白沙位於霍洛曼空軍基地西南方十三點七五哩處，埃本人的造訪持續了四小時。整個活動的影音記錄被存儲在華盛頓特區波靈空軍基地（Bolling AFB）的保險庫

中。（見照片5-1）

歡迎小組包括十六名高級政府與軍事官員，十二名交換訪問的團隊成員則在附近的汽車內待命。四十五噸的物質和設備隨時準備裝載到外星人的飛船上，飛船著陸點與迎接的官員間以天篷連接著。一群埃本人自飛船下來，走到天篷下方，他們向美方提供了一些技術禮品。雙方的溝通利用一個粗糙的翻譯器，像是一個帶有數字顯示的屏幕，他們提供美方官員一種裝置，而埃本人則帶著另一部裝置。官員對著裝置講話，而屏幕則現出埃本人語言和英語兩種信息的打印形式。除此之外，有一位名為Ebe2的女性埃本人，她能說一口好英語，在此時就擔任直譯的工作。

照片（5-1）　藝術家對以下事件的光影（Photoshop）展示：一九六四年四月二十四日星期五在白沙導彈靶場進行的雙方會面可能會出現在目睹這一事件的幸運內部人士面前；兩個世界之間的會議持續了四個小時，約翰遜政府和埃本社會的代表交換了禮物。
http://www.serpo.org/release36.php

埃本人提供的禮品是一部黃皮書（Yellow Book），後來得知，該書由Ebe2翻譯成英文。埃本人當時還告訴美方，他們已經重新考慮了交流計劃的時間，預定於一九六五年七月返回地球以完成人員交換，而此行只是想取回遇難同胞的屍體。事實上，埃本人此行果真帶走了在兩次羅斯威爾空難中喪生的九名同胞屍體，以及死於一九五二年的 Ebe1 屍體。[5]

是什麼原因促成埃本人改變原定一九六四年的交換計劃不得而知，但依照以下的說法，雙方人員交流計劃似乎不是在一九六四年之前即安排好。據空軍特別調查辦公室（AFOSI）前特工理查德・多蒂（Richard Doty）於二〇〇六年二月發表在《*UFO Magazine*》的一篇文章說，一九六四年四月二十四日埃本人的太空船登陸後，美方與埃本人之間建立了交流計劃，美方選了十二名軍事人員（十男二女），於一九六五年出發，前往賽波行星。如果對照上文所說的「一九六三年十二月洛斯阿拉莫斯國家實驗室，接到來自埃本人星球有關登陸的訊息」這句話，顯然，多蒂的以上說法是站不住的。

多蒂還提到有關外星人的屍體位置和發現活實體的地點及其他細節。他在一九七九年以 AFOSI 的年輕特工身份到達柯特蘭空軍基地後才了解了這些細節。第二個墜毀地點的屍體被帶到洛斯阿拉莫斯及桑迪亞基地（Sandia Base）處理的訊息是正確的。他又說他在一九八四年的一次簡報會上讀了一份文件，其中提到了外星人種族與十二名美國軍方人員在一九六五年至一九七八年之間的交流計劃。

因此若照以上多蒂的陳述，埃本人並未改變交流計劃的日程，一九六四年的登陸只是作為與美方簽下交流計劃的前奏曲。埃本人還帶走了兩次羅斯威爾墜毀世故中喪生的九名同胞屍體，以及Ebe1的屍體。帶走前軍方曾對一些遺體進行勘驗，遺體被保存在洛斯阿拉莫斯實驗室的一個特殊及先進的低溫設施中。多蒂提到十男二女的團員說法引起很多爭議，一般目前較被接受的說法是十二名隊員都是男性。[6]

埃本人回到地球的時間選定在一九六五年七月十六日，降落地點設定在內華達州測試場（NTS）的北區，在這之前所有賽波團隊成員先回到萊文沃思堡（Fort Leavenworth）的禁閉室去待了一個月，再被送回佩里營區（Camp Peary）以刷新他們原先的訓練技巧及學習一些新技能。過程中隊員們覺得最難對付的是如何了解與使用埃本人語言，隊員中除了一位語言學家（隊員編號＃四七五或語言學家＃二）可以應付此問題外，其餘隊員都覺得困難。

七月十六日這一天，埃本人飛船果真如期降落在預定地，這次雙方舉行工作會議。十二名團員[5]則像上次一樣，先在汽車內待命，軍用貨車正蓄勢待發，準備卸下他們的大量貨物，這包括九〇五〇〇〇磅的物質、設備和車輛，所有的貨物可放入飛船內三個樓層中的其中一層。埃本大使從飛船上下來，他被送往洛斯阿拉莫斯實驗室的外星人設施，且自此開始，隊員彼此間互用「數字名字」稱呼對方，例如醫生＃二的稱呼是「七五四」。[7]

與十二名隊員一起登上飛船的尚有一位英語說得不是很流利的人，他被稱為MVC（可能是「任務航程協調員」（Mission Voyage Coordinator的縮寫），後來發現他是埃本人。這艘航天飛船的內部很寬大，共有三層，隊員的貨物放在較低的一層（實際上是放在底層的平台上），隊員們居住在中層，飛船工作人員住在上層。

居住處沒有座位，只有板凳，不須帶頭盔。沒有窗戶，無法看到外面景象，每人都坐在規定的板凳上，座位上並無固定裝置，僅有橫條可握住手。一會兒，感覺飛船正在發動「引擎」，但座艙裡面卻什麼也沒發生。此時隊長仍是手寫日記，但後來所有其他成員的日記都記錄在盒式磁帶上，最後隊長也用錄音寫日記。

從此刻開始，十二名成員正式離開地球，搭乘埃本人太空船，馳往三十八點四三光年之遙的賽波星，這是一顆有雙太陽且比地球體積略小的星球。[8]其大氣壓類似於地球大氣壓，且空氣中含有碳、氫、氧與氮等元素。[9]在整個行程中，該團隊能夠使用外星人設備與柯特蘭空軍基地的地球總部進行通訊。[10]

5.2 「宇宙隧道」：在航天飛船與母艦上的日子

宇宙中的某些特定位置被標定為「門戶」（portals），這些是號稱「宇宙隧道」的蟲洞入口，穿越蟲洞或時域（time domain），實際上是穿越時間，若從出發點至目的地兩點間的距離計，其航行速度快於光速（實際上在蟲洞內的航速是小於光速）。此外，進出蟲洞需要花費時間和精確的恆星導航。埃本人穿越蟲洞，其旅程長達三十八點四三光年（225,968,400,000,000 哩），費時僅九個月（地球時間二七〇天）。

埃本人的航天飛船在門戶附近與一艘母艦會合，指揮官的日記將這一天定義為「Day 1」，事實上這應是第二天，這意味著埃本人的飛船從內華達州測試場航行到門戶附近至少須費時通宵。指揮官說，據其腕錶指示，從離開地球到會合點約經過六小時，究竟會合點在哪他也說不出來。會合的方式是航天飛船直接飛進母艦（事實上母艦承載有多艘較小的飛船），然後開始實際的星際航程，意思是母艦即將進入蟲洞及開始啟動時間旅行。

母艦使用反物質引擎，其航速與動力皆非任何美國航天器可及，就算美國軍方知道門戶位置，以其目前科技絕無能力到達該門戶。在航天飛船飛進母艦後，其內承載四十五噸重貨物的平台移動，能一次性從航天飛船卸下所有貨物到母艦。平台上容納著三輛吉普車、十輛摩托車、六輛拖拉機與八台發電機，可以想像此平台的面積必是非常巨大，但其移動如此迅速，故想當然埃本人必然擁有「無重」（weightless）技術，且有理由假設該技術常被用於整個銀河系，這也許可以解開古埃及金字塔建塔的秘密。

母艦的內部非常寬敞，像是一棟大建築物的內部。在船的卸貨區，天花板的高度約有一百呎高。隊員們花了十五分鐘從卸貨區走到自己的居住地區，該處有十張椅子（因有十二名隊員，故有兩人可能須坐在椅子上方的不同位置），其間也搭乘類似升降機的東西。不久一個埃本人帶來吃的東西，這食物看起來糊狀像燕麥片，嚐起來味道像紙片。這時MVC出現，告訴大家即將開始（時間）旅行，大家必須坐好在椅子上（不用安全帶）。

當時還是第二天的時間，眾人得知有一個人失蹤了（後來才知道是團隊飛行員#2的三〇八號）。睡覺時每人縮在一個類似碗狀的玻璃容器內，頂上有蓋子，而容器內則有一些管子連接到樓層，容器底部有一些閃亮的光，天花板上有明亮的燈光，沒有失重的感覺，但走路時覺得頭昏眼花，且經常會在耳際聽到啪拉聲或爆裂聲。大小便則在埃本人準備的小金屬容器內解決，埃本人會不時地來清理污穢物。喝的水看起來像牛奶，但嚐起來有蘋果味。

此時眾人獲知，飛船大約處在時域（按：或稱蟲洞）中點，且即將暫時脫離時域，這意味著飛船自離開地球已飛馳了二十光年的路程。一旦脫離時域，眾人的感覺會好多了，有能力在飛船內到處走動，探訪並發問各種問題。顯然團隊成員只有在時域旅行時才會感到噁心和頭昏。在那段旅程中，埃本人用藥物治療隊員們的不適感。

由於身體狀況較好些，埃本人又允許大家離開房間，於是眾人沿著一狹窄的走廊走了約二十分鐘，又搭升降機，最後到達了一間非常大的房間，這可能是控制房，有許多埃本人坐在位置上。眾人可以看到包含許多燈光的控制面板，有四個不同的站點，每個站點包含六個埃本人，這些站點各處於不同的層次，最上一層僅有一個座位，一個埃本人坐在那兒，他可能是駕駛員或指揮官，除此，還有許多顯示埃本人文字及圖形的電視螢幕，有橫行、有直行。此控制房有一面窗戶，雖無法看到窗外的任何東西，但隊員們可以看到窗外有類似波浪線的條紋，這可能是由於時間扭曲之故（按：

此時飛船顯然再度進入後半段的時域，這點已經 MVC 證實）。

眾人這時聽到某種類型的鈴聲，MVC 說那僅是太空聲音。六三三想去看引擎，MVC 於是引導其中四名隊員到機房。該房有一些很大的金屬容器，它們形成一個圓圈，每個端點的末端都指向中心。許多管線或某種類型的管線將它們連接起來。這些容器的中心是銅色線圈或類似線圈的東西，從上方的一點到線圈的中心都發出明亮的光。眾人聽到一聲很刺耳的嗡嗡聲，但沒有大的響亮聲音。六六一（科學家隊員）認為，這是一種負物質對正物質的系統。換句話說，飛船可能使用反物質推進系統。

旅程中隊員們的大部份時間都是在睡覺狀態，每一次當他們醒來後對之前發生的事情都沒有記憶，不久他們聽到了三〇八死於肺栓塞的消息，此時指揮官發現其他隊員們正漫無目的地四處走動，就像活死人（living dead）般。Ebe1（與羅斯威爾墜毀時的活實體 Ebe1 不同人）說，這是太空病，不會持續太久。指揮官要求指派醫生隊員去檢視三〇八屍體，但被 Ebe1 拒絕，理由是屍體已遭感染。從後來的發展看，Ebe1 的說法可能只是藉口，目的是隱藏其真正的意圖。

5.3　一個乾燥與炎熱的星球

埃本人的高音調讓人聽起來覺得奇怪。Ebe1 說，MVC 要所有團隊成員準備著陸，每人須回到碗狀房，躲入碗內後將蓋子蓋上。不久，蓋子又被打開，Ebe1 進來說，已經著陸了。七〇〇提醒大家須戴著太陽眼鏡出去，團隊經過長廊，又經過大房間，看到所有上船時的裝備都放在那裡，該處也停放許多小太空船。大門打開了，外頭光線很明亮，這時大家首次看到這個行星。各人魚貫步下舷梯，外面有許多埃本人等著他們，其中有一位個頭最高的人，他比其他埃本人約高一呎，怪異的是，他的音調不像其同胞般的高亢，而是較生硬，整個場面就像閱兵場。

高個子首先講話，Ebe1 則負責翻譯他的歡迎詞。從這點看，高個子應就是埃本人的首領。地面有污垢，而天空是藍的，非常清澈。這時仰望天空，看到兩個太陽高懸著，其中一個較明亮。[11] 著陸處的周圍景象就像亞利桑那州或新墨西哥州的沙漠，只見連綿起伏的山丘，不見任何植被，難怪幽浮總是最常光顧這兩州，原因是其景觀最類似外星人的家鄉。

此時六三三用溫度計量量外面溫度，發現是一〇七度，真的是很熱。[12] 實際上，由於賽波傾斜四十三度，[13] 這使得該行星的北部溫度較低（幅射水平也當然較低），因此團隊成員在六年後搬到北半球的第一象限區域居住（南北半球各被地質學家的隊員劃分為四個象限）。那裡的溫度較低（約維持在五十度~八十度），且植被豐富。

團隊抵達賽波及登陸之際，在一大群歡迎的人群中隊員們發現了一個會講英語的埃本人。這個人不但會講英語，而且除了 w 字母的發音不準確外，其英語算是講得很流利，大家稱這個人為 Ebe2，從穿著看知道她是女性。Ebe2 說，歡迎大家來到賽波，此時大家才知道這個行星的名字是賽波。她向團隊展示一種設備，並告訴大家每個人都必須佩戴它，這看起來像電晶體收音機，大家把它佩戴在腰帶上。從此，Ebe2成了團隊日常生活的協調員，團隊的日常生活得到她很大的幫助。

飛船著陸在一片空曠的地區，那裡有像電塔般的建築物聳立著，塔頂似乎安置著某些東西，推測這應該是村莊或城鎮的中心。塔本身非常高大，約有三〇〇呎高，由像是混凝土般的物質組成，頂部安置著一面大鏡子，而周圍所有的建築物看起來像是土磚屋或泥屋，這是一般埃本人的住宅。幾乎所有的埃本人都穿著相同的衣服，而太空船內的埃本人則是例外，但歡迎的人群中卻發現有穿著暗藍裝的埃本人。

所有埃本人都綁著一條腰帶，而其腰帶上都繫著某種類型的盒子，歡迎的人群中並未看到小孩子。怪異的是所有的埃本人看起來都很像，除非從制服上區分，否則沒有辦法區分出個人（按：有一說法認為，埃本人已失去類似人類由性交而生殖後代的能力，故我懷疑其種族是利用克隆延續後代）。埃本人似乎非常友善，有些人穿著披肩，後來才知道，這些是女性。

埃本人似乎將物質和設備以手動轉移到十六個單獨的托盤上，這項工作很快就完成（按：推測其可能原因是，埃本人能使沉重物品失重），然後將這些托盤飄浮到地下儲存區。隊員們後來得知，埃本人的文明史估計約一萬年，賽波並非埃本人的原始家鄉，五千年前其星球遭受火山破壞，於是所有的埃本人遷徙到賽波避難。[14]

另一個說法是：埃本人原來的主星球阿匹克斯，是天琴座中最早發展的社會之一，也是維加人形種族文明的最早星球之一。事實上他們生活在阿匹克斯的祖先，看起來非常像現代人類，由於使用核武器進行的內戰導致星球幾乎被毀，過多的幅射迫使倖存者在地下生活了好幾代，這使他們的膚色變成了灰色，並迫使他們的眼睛增大，以便能夠在黑暗中看見東西。也因這外觀，有些人稱他們為灰人（Greys），但其實他們並非灰人。

幅射增加的另一個作用是降低埃本人的生育能力，迫使他們需通過克隆和其他人工技能繁殖後代。綁架人類的原因之一是增加了用於克隆目的的DNA儲備的多樣性，埃本人的先驅即阿匹克斯人。（後來遷移到網罟座星系，他們最終變成了澤塔人（Zetas））

以上澤塔人這個名詞普遍是指澤塔網罟座I & II的居民，特別是澤塔II的居民，他們的平均身高3.5到4呎，有大的顱骨和極大的眼睛，手腳各有4位數指頭，其性別難以區分。[15]

大約三千年前埃本族與另一種族進行激烈的星際戰鬥，在持續一百多年的戰爭中，埃本族損失了成千上萬戰士。雙方使用粒子束武器作戰，埃本人最後摧毀了敵人星球，並消滅敵軍的殘餘力量，戰爭後他們只剩下六十五萬人，此後他們將星球人口控制在此水平。[16]為了這次慘痛教訓，埃本人警告團隊，銀河系內有數個外星種族對地球人懷有敵意，人類宜遠離這些種族。

埃本人有能力保衛自己並擊退外敵，靠的就是其強大軍隊。這些軍隊面對外敵時能保家衛國，平時他們即擔當警察工作，他們穿著不同制服，未攜帶任何武器。軍隊一直在巡邏，通常成對行走，看起來非常友好，但可能也非常嚴格。軍方與團隊打交道時非常尊重對方，但不允許團隊違反任何習俗或法律。

當團隊第一次殺死一條沙蛇時，很快就有六名軍人出現在現場。處理這一情況須要大量外交，儘管如此，軍方從未為難過團隊，也沒有威脅過團隊，團隊因而能繼續執行其使命。有一種不被允許的行為是團員不能進入私人居住的房屋，團隊曾經做過一次，但在軍方陪同下禮貌地離開。[17]

埃本人的軍隊並非吃素，平時他們不帶武器，但他們確實有武器，也有使用武器的決心，團隊在一次警報中看過這些場景。當時 Ebe2 走進團隊的生活空間，她興奮地告訴大家要留在室內，不要離開居住區。團隊問為什麼，Ebe2 說一艘不明身份的飛船進入他們行星的軌道。Ebe2 同時向團隊保證，軍方將解決這個問題。團隊也自動進入自己的警戒狀態，各人拿了武器守衛著自己的生活區。團員們違反了她的指示，紛紛走出門外，望著天空，看到空中很繁忙。稍後又看到所有軍人都拿著武器，看起來像野戰包。八九九說，他們全副武裝。警報持續的時間不長，Ebe2 回來好奇地看著團隊，然後告訴團隊一切都沒事，警報已經結束了。團隊問她是否發現了未知的航天器。她說那不是航天器，而只是一塊自然的太空碎片。團隊不相信她的話，但確信軍方已解決了問題。[18]

話說埃本人在經歷百年戰爭之後，自此他們再也沒有打過仗，其社會從此屏除了金錢制度。埃本人沒有單一統治者，他們設立了一個類似管理委員會的機構來管理星球，其管理制度就類似警察國家。在過去的兩千年中，埃本人一直是太空旅行者，他們大約在兩千年前首次造訪了地球。[19] 他們有著非常穩定的結構化文明，此等文明結構與其嚴格的生育管理制度有關。原來澤塔人就像地球人類，他們也有男女性別之分，每個男性都有一個女性伴侶，其性行為和我們有些相似，也可以透過性交繁殖後代。[20]

關於用「性交繁殖後代」的說法與前文用「克隆繁殖後代」的說法有差異，我的看法是埃本人可能並未完全失掉用性交繁殖後代的能力，但是因為這方面的能力減少，故種族的繁衍仍須部份依賴克隆方式。此外，不管是基於自然性交或克隆，每個家庭的嬰兒數量都受到管控，而且每個嬰兒在出生前都是事先規劃好的（即僅限於出生特定數量的嬰兒，團隊從未見過有兩個以上孩子的家庭）。他們的皮膚組織非常堅硬，這是為了抵抗太陽幅射之故。

他們的文明結構是如此複雜，以至於他們對每個孩子的出生都做了完善規劃。出生後即將孩子們分開，以實現文明的適當分組。與地球兒童相比，埃本人兒童的成長速度非常快。團隊在有埃本醫生在場的情況下，觀看了孩子出生的過程，然後又查看了一段時間（團隊成員的時間）內孩子的成長狀況，知道他們以驚人的速度成長。

埃本人有科學家、醫生和技術員，行星有一個教育機構，如果該機構選擇了某人，則他進入了該機構，將從中學得他最具有資格和最適合的工作。由於埃本人沒有年齡增長，或至少團隊無法檢測到其年齡增長，故很難判斷其成員的年齡，但這並不表示他們不會死，埃本人確實會死，團隊確實也發現其墳墓。[21]

團隊成員曾目睹埃本人的死亡，有些人死於意外事故，例如團隊發現兩起涉及其行星內飛行器的空難，另有些則是死於自然原因。埃本人埋藏屍體的方式就類似於我們，他們崇拜一個至高無上的生物，這似乎是與宇宙相關的神（類似於人類的上帝）。他們通常在每天的第一工作期結束時，走進一座建築物或教堂，進行日常崇拜，每一個埃本人都必須在每天指定的時間參加禮拜活動。

團隊在到達賽波時因溫度實在太高，故他們都被安排在地下設施裡，但即使在地底，團隊還是覺得炎熱，所以埃本人為團隊在較涼爽的北半球第一象限區建了一個小社區，而大多數的埃本人社區都位於赤道沿線，原因是在赤道地區有許多自流井，水源豐富；水質很新鮮，包含一些未知成份的化學物質，嚐起來味道不錯，是埃本人的飲用水。但因水中含有一些未知類型的細菌，團隊在飲用之前，仍須先煮沸。另有一些社區則建立在赤道以北的北半球四個象限中的每個象限。

社區內有人穿著不同顏色的制服，Ebe2 說那是軍事服裝。六三三建議，團隊從今天開始記日（曆），今天定義為團隊抵達賽波的第一天。奇妙的是，團隊竟能使用從地球帶來的所有電氣設備，將它們插入一個密封的黑盒子中，竟都起了作用。因此團隊相信，他們能夠使用埃本人開發的設備與地球通信。事實上，埃本人的確使用電力，團隊後來得知，埃本人在星球的南部靠近水體的地方擁有一座大型工廠，透過這工廠進行某種水力發電。[22]然而怪異的是，埃本人有電力，但卻無空調，看來他們既先進又文明，但同時卻又原始及簡單。

至於這位英語講得極好的 Ebe2 究竟是誰？原來她就是黃皮書的翻譯者（她將埃本人文字翻譯成英文，但至尊十二並未將此信息告知團隊），同時她也是一九六四年四月埃本人首次正式登陸德州白沙時在歡迎會上任翻譯，及將黃皮書贈送給美國政府的人。當時所有團隊成員都在汽車內待命，並未參加歡迎會，自然不認識 Ebe2。但就是這麼巧，團隊在賽波為她取的名字竟然與德州歡迎會上軍方稱呼她的名字相同。後來若非 Ebe2 的耐心折衝與幫忙，不久之後團隊與埃本人雙方因三〇八屍體的爭奪，可能導致不可收拾的後果。

埃本人的平均智商（IQ）一般約一六五（愛因斯坦的智商是一六〇），他們的智商與其大腦容量有關，其大腦容量比人類來得大，一般人類的腦容量約在一三五〇毫升至一四〇〇毫升之間，而埃本人則是一八〇〇毫升，他們還可以依照交流的對流情況調控其智商，因此，Ebe2 自然是聰明的。經過簡單的說明之後，她能迅速了解人類的數學演算。此外，她也只要花幾分鐘就清楚了解計算尺（slide rule）的運用。

Ebe2 說賽波不會像地球般有黑夜之分，當一個太陽下山後就開始刮風，此時另一個太陽並不會下山，而只是留在較低的地平線。埃本人不會像我們一樣需要睡眠，他們似乎只是休息（大部份坐著）一段時間，然後爬起來繼續做事，這可從其在母艦的居住區中只為隊員們（當然也可能為自己）安排板凳可看出，當飛船啟動時每人都坐在板凳的規定位置上；當進入時域時，睡覺之際每人就縮在一個類似碗形的玻璃狀容器內。因此，埃本人並不像人類般，每天必須花三分之一的時間躺在床上睡覺。

團隊穿過村莊，進入一個較大的建築物，只見有約一〇〇個埃本人分別圍坐在數張桌子旁吃東西，桌上擺了一些像水果及乾酪的食物。埃本人望著團員，團員也望著埃本人，埃本人對這些不速之客的「外星人」似乎覺得好奇。這時團員們看到一個外觀與眾不同的埃本人，他是一個有非常奇怪外觀的生物，有巨大及長的手臂，幾乎與長腿一起漂浮著。這個生物只是漂浮在團員身邊，他並沒有望著團員。

隊長（即指揮官）覺得好奇，跑去找Ebe2，這時她正與其他三名埃本人一起吃東西。指揮官指著建築物另一端問道，那個長相奇怪的傢伙是否為另類的埃本人。Ebe2回答，他跟你一樣是訪客，並非埃本人。隊長又問，那位訪客來自哪個行星？Ebe2說，CORTA（發音像CORTA）。又問，CORTA在哪裡？Ebe2帶著隊長走到建築物一角一個像電視的前方，她用手指按著玻璃螢幕，然後星系圖就出現了，她指向其中一點，並說那是CORTA，又指向另外一點，說那是地球。看來，CORTA和地球的距離非常近，但依星系圖的尺寸而定，其間距離可能達十光年。

若據隊長的描述，來自CORTA的生物非常像是被稱為「螳螂人」的外星人，此類外星人的形狀非常像螳螂，有許多接觸者（contactees）報導，當他們被綁架於太空船內時，曾看過這些外星人，一般來說，他們是富有同情心的生物。以上所有的敘述都是團隊在賽波第一天的見聞。[23]

吃過東西後團隊回到小屋，Ebe1（應是Ebe2之誤）進來說，小屋裡的鍋是作為大小便用，每四間小屋有一個鍋，鍋內有某種化學物質，它可溶解大小便。此時五一八（生物學家）走到屋外去量溫度，這時是一四〇度，[24]由於幅射水平高，七五四警告大家要避免陽光直射。

隊長在日記中繼續寫道，他們在到達賽波的第一天，即發現了一座高大的塔，塔頂有一面大鏡子，團員們走進塔內建築，未看到任何樓梯，但有看到一些玻璃屋，那可能是升降梯，忽然聽到背後有人說英語，轉頭一看，Ebe2 就站於身後。Ebe2 似乎隨時在團隊附近出現，她常在團隊須要幫助時適時出現，推測她可能是透過團隊腰帶上的小盒子來監測團隊的動向。她引導大家進入玻璃屋，然後快速升到塔頂。

原來這高塔是位在一圓圈的中央，而圓圈就位在地面上。在圓圈的每個象限都有一個符號，太陽直射，穿透鏡子，可能那不是鏡子，因為陽光能穿透它。一旦陽光穿過了它且待光線逐漸聚焦在圓圈內的符號後，Ebe2 說當光線接觸到符號時，埃本人將改變他們手頭正在做的事情，而改做其他事情。換句話說，陽光改變角度並因此接觸到不同象限的符號，其情景就像使用一個鐘一般。Ebe2 說在賽波不要使用地球時間，團隊自此決定使用埃本人時間。[25]

以上敘述都是團隊在到達賽波第一天所發生的事情，也即是一九六六年中旬發生的事情。團隊後來得知，埃本人的每一個社區（埃本人共有一〇〇個不同社區）都豎立著這樣一個高塔，目的就是將它與陽光配合，做為時鐘使用。因此，利用此方法使各個社區的埃本人在同一時間做同一件事情，這導致埃本人無法表現出人類所擁有的個別自主個性。這種集體生活使埃本族幾乎沒有創新，儘管他們有很高的智商，但並不保證有創造力。

埃本人的社會類似於原始共產社會，每個人都會得到他們需要的東西。社區沒有商店、購物中心或購物地點，自然也沒有錢幣之類的東西。社區內有一些中央配送中心以讓埃本人獲得所需之物，所有埃本人都以某種身份工作，孩子們一直被孤立著。團隊成員遇到的唯一麻煩是當他們嘗試拍攝埃本孩子時，這時會出現軍隊有禮貌地護送他們離開，並警告他們不要再這麼做。[26]

眾人信步往前走著，進入一棟大建築物，裡面生長著一捲捲的植物，看來這屋子類似於一間溫室（greenhouse），埃本人在裡面種植糧食。裡面果然有很多埃本人正在工作，眾人進進出出，有一個埃本人走出來，指著天花板，又指著大家的頭，面露不悅之色。隊長不知其意，正想找 Ebe2 問個究竟，想不到她已適時出現在身旁。隊長告訴她剛發生的事，但她似乎無法理解意思，於是她轉身與剛才那位埃本人交談，然後回頭對大家說，團隊必須戴好頭套才能進入，隊長心想，埃本人也許是擔心污染問題。於是不再爭論，大家全戴上埃本人準備的布帽後，魚貫進入屋內。

入屋後才發現，埃本人在土壤裡種植某些類蔬菜作為食物，他們有一個引水系統，且在每株植物上都有某種透明的布遮著。隊長好奇地問，那是否是水？是否為飲用水？Ebe2 回答，是的。她覺察到大家可能口渴了，於是引導大家到靠近另一個入口的一處，提供水給大家喝。這東西喝下去就像水，味道還好，但有化學藥品味。

埃本人的溫室種植就像今日的水培法（hydroponics），只是後者不需要土壤。埃本人溫室的蔬菜種類繁多，包括類似馬鈴薯、白菜與蘿蔔的東西，其他也有一些帶著長藤的圓形蔬菜，埃本人將長藤煮熟後將植物的大部份吃掉。埃本人擁有某種白色液體，最初團隊以為它是一種類似牛奶的東西，但嚐過後才知不是。連成份也不是，此種液體是來自星球北部的一種小樹，他們壓擠樹身來獲得此白液。

埃本人用燉鍋煮熟食物，但吃起來沒有任何味道。他們也烤一種非酵母麵包，味道還不錯，但會造成便秘，故需喝進大量的水以消化麵包。團隊與埃本人喜歡的共同食物是水果，埃本人的水果雖不同於地球上的，但吃起來很甜，一些水果其味道像西瓜，有些則像蘋果。喝水時因水中含化學物質，故喝前須煮沸，後來埃本人為了解決團隊的水處理問題，特別建了一水處理廠。[27]

南半球有較多火山活動。沿著南半球的北端，團隊發現有過往地震的證據。沿著南半球的北端出現斷層線露頭，團隊也觀察到沿著擠壓岩石（按：即火成岩）的鱗剝（exfoliation）現象，這指出過去的岩漿活動。團隊後來帶數百件賽波土壤、植物、水和其他物件返回地球測試。在南半球的第四象限地區，山谷非常深，有的落差達三〇〇〇呎，團隊在這個地區發現第一隻賽波動物，它看起來像犰狳（armadillo），埃本人嚮導使用定向音束的設施嚇跑該生物。

後來團隊在該區探查時又發現一條非常長及大的生物，其長相如蛇，嚮導說這生物是會致命的，具有攻擊性。該生物有一顆大頭，及有著一對幾乎像人眼的眼睛，團隊使用武器射殺該生物，這是唯一一次團隊使用武器殺死動物。埃本人對團隊殺了該生物並未表示不高興，但卻不高興他們使用武器。

團隊探查時隨身帶了四把 .45口徑 Colt 手槍和四把 M2 卡賓槍。在殺了該生物後，團隊對其進行解剖，其內臟器官很怪異，絕不像地球的蛇類。該生物有十五呎長及一點五呎直徑，其眼睛看起來很怪異，檢查後發現其視錐細胞（cones）類似於人眼中的視錐細胞。眼睛有虹膜，背部有大神經，類似於連接到該生物大腦的視神經。大腦很大，比任何地球上的蛇類大腦都大。筆者猜測，這生物可能是埃本人透過基因技術創造出來的，絕非賽波的土著生物。從人類觀點看，這只能說是「喬太守亂點鴛鴦譜，點出個四不像」。試想，一條具有人眼結構與人腦大小的蛇，豈非成了古希臘神話中的蛇髮女妖？

可能是久不知肉味，團隊想吃該生物的肉，但埃本人嚮導禮貌性地說「不可」。事實上埃本人允許團員殺怪獸，並僅在缺乏蛋白質情況下吃肉。肉味嚐起來不差，八九九說它嚐起來像熊肉。當團員吃肉時，埃本人用一種很奇怪的表情看著。團隊不解的是，埃本人能夠克隆生物及其他人類物種，但他們卻不吃其肉。

賽波的水體（只是類似湖泊之類，並無海洋）[28]，不包含有魚類。赤道附近的一些水體則包含一些類似鰻魚的奇怪生物，它們可能是陸地「蛇」的近親。在沼澤地附近有一處類似叢林的地區，但非我們熟悉的叢林態樣。至於前文提到的像犰狳的生物，它們在星球的數個地點都曾被發現過，並不具有敵意。僅有像蛇般的生物才具有攻擊性，這只在一處被發現，此後團隊未再發現其他同類。至於鳥，團隊發現有兩種會飛的生物，其一類似於鷹，另一種看起來像是一隻會飛的大松鼠，這兩種生物都不具攻擊性。至於昆蟲，賽波有類似於蟑螂但體形較小的小蟲子，它們無害，曾跑進團隊的裝備內。除此，還發現其他類的小蟲子。團隊從未看過任何會飛的昆蟲（如蒼蠅及蜂等）。[29]

團隊在沿著南半球的北端也發現許多不同種類的動物，有的長相如大牛，但很膽小且無敵意。另有一些其長相像山獅，脖子上有長毛，埃本人不認為它有敵意。

第一象限區號稱「小蒙他納」（Little Montana），其地面景觀和氣溫與蒙他納州相似。團隊發現了類似地球常青樹風格的樹木，埃本人從這些樹提取類似牛奶的白色液體做為飲料。除了「牛奶樹」，還發現許多其他類型的植物。也看到了沼澤地，在沼澤地區有大型植物生長，埃本人以這些植物為食。植物的球莖很大，球莖嚐起來像甜瓜。

團隊往北極方向走，溫度明顯下降，幅射水平低於赤道與南半球，途中隊員發現有高達一五〇〇〇呎的高山，蔥鬱的綠色田野中發現了一種具有鱗莖的草。再往北走，厚達二十呎的大雪覆蓋了北極周圍的景觀，而溫度都固定維持在三十三度，在這個地區團隊未曾發現其溫度有改變過。

為何三十三度的氣溫可以覆雪不溶？這可能與此緯度下的間接日光照射有關。埃本人在此區域無法待太久，極端低溫讓他們無法忍受，故團隊嚮導穿了一件類似太空衣，內置加熱器的衣服。團隊在第一象限區域居住了之後的七年，即使如此，每個成員在賽波停留期間都承受了大程度的幅射，大多數團隊成員後來都死於與幅射相關的疾病。

團隊在賽波的日子迄今為止都能與埃本人保持一團和氣，但上文提到大家對於無法看到三〇八屍體一事，內心終是耿耿於懷，而不幸這事後來就發展成團隊與埃本人雙方衝突的爆發點。

註解

1. Release #36: The UNtold Story of EBE #1 at Roswell
http://www.serpo.org/release36.php
2. Carlson, Gil. The Yellow Book. Blue Planet Project Book #22, Kindle Edition, 2018，pp.36-37
3. The Serpo releases 1-21
November, 2005 to 30 August, 2006
http://www.serpo.org
4. Ibid.
5. Kasten, Len. Secret Journey To Planet Serpo: A True Story of Interplanetary Travel, Bear & Company (Rochester, VT), 2013, p.133
6. 例如長期網路會員吉恩．洛斯科夫斯基（Gene Loscowski）的評論，見 Commentary by Bill Ryan, The Serpo releases 1-21, 2 November, 2005 to 30 August, 2006/www.serpo.org。
7. 十二名團員的「數字名字」如下：

團隊指揮官 102

助理團隊指揮官	203
團隊飛行員#1	225
團隊飛行員#2	308
語言學家#1	420
語言學家#2	475
生物學家	518
科學家#1	633
科學家#2	661
醫生#1	700
醫生#2	754
安全人員	899

Reference：Posting Fourteen by Anonymous (2/1/2006)

這份名單似乎有些異常，因為“102”似乎是與文中團隊指揮官不同的另一個人。

8. 賽波的直徑是七二一八哩，質量是5.06×10^{24}千克，地表重力是9.60米／秒^2；而地球的直徑是七九一七點五哩，質量是5.972×10^{24}千克，地表重力是9.807米／秒^2。

9. Kasten, 2013, op. cit., p.184

10. Kasten, Len. The Secret History of Extraterrestrials: Advanced Technology and the Coming New Race. Bear & Company (Rochester, Vermont), 2010, p.82

11. 賽波的兩個孿生太陽都屬於網狀（Reticulum）星座，它們是遠距雙星，分別是澤塔網罟 I 與澤塔網罟 II。「遠距」意味著兩顆恆星的相互距離足夠遠，因此它們各自擁有自己的行星。賽波的年紀估計約三十億年，兩個太陽的年紀估計約五十億年，它是兩個五級黃色雙星。（見 www.serpo.org, The Serpo releases 1-21, 2 November, 2005 to 30 August, 2006）。

賽波雖有兩個太陽，但是其角度很小，視太陽的位置而定，該行星自轉一天（四十三個地球小時）內會有一段黑暗時間，但不會完全黑暗。有二顆月球的賽波，距澤塔 I 為九六點五百萬哩，距澤塔 II 為九一點四百萬哩（按：地球距太陽為九四點三一百萬哩）。埃本人的太陽系統是澤塔 II（即賽波僅圍繞澤塔 II 公轉），此系統有六顆行星，而澤塔是第四顆行星（從太陽澤塔 II 起算，由近至遠），因此它又稱網狀 IV。

賽波（對澤塔 II 公轉）一年有八六五地球天，其地表重力略小於地球重力，為九點六米／秒^2，其直徑略小於地球，約七二一八哩，重量也略小於地球，為 5.06×10^{24} 千克，地表溫度 43°－126° 華氏度與地球距離三八點四三光年。（Posting 3 by Anonymous, 7 November, 2005, www.serpo.org）

最靠近賽波的行星稱為奧托（OTTO），兩者相距八十八百萬哩，並無土著居民。埃本人在奧托擁有研究基地。最靠近赛波的有人居住星球名為西路斯（SILUS），兩者相距四十三點四百萬哩，其上無土著居民，但住有各種可能是由埃本人利用基因技術創造的生物。（Kasten, 2013, op. cit., p.236, Appendix 3，及見 Posting Three by Anonymous (7 November,2005)，Serpo releases 1-21, op. cit.)

12. 見 Posting Twelve by Anonymous (1/24/2006)，Serpo releases 1-21, op. cit.
資料中並未標明一〇七度是攝氏還是華氏度，但美國人一般使用華氏度。且如一〇七度是攝氏度，則已超過沸點，故一〇七度是指一〇七華氏度。

13. Posting Three by Anonymous (7 November, 2005)，Serpo releases 1-21, op. cit.

14. Article 6: Atlantis Rising 61 (Jan-Feb 2007) by Len Kasten, http://www.serpo.org/article6.php

15. 參見 http://www.exopaedia.org/Zetas 及 http://www.exopaedia.org/Apex

16. Article 6: Atlantis Rising 61 (Jan-Feb 2007), op. cit

17. Posting Sixteen（9 March, 2006）by Anonymous，Serpo releases 1-21, op. cit.

18. Ibid.

19. Posting Four by Anonymous (9 November, 2005)，Serpo releases 1-21, op. cit.

20. 埃本人的男性和女性具有相似的性器官並可進行性交，其性活動的頻率不如人類社會中的性活動頻率高，相信，他們的性活動是為了娛樂和繁殖。（Kasten, 2013, op. cit., p.172）

21. Posting Four by Anonymous (9 November, 2005)，Serpo releases 1-21, op. cit.
22. Kasten, 2013, op. cit., p.184
23. Ibid., p.134-137
24. 賽波的溫度範圍是四十三度～一二六度，隊員五一八量到的一四〇度應是特殊案例。（Kasten,2013, op. cit., p.236）
25. 賽波自轉一天的時間是四十三（地球）小時，繞著 Zeta 2 軌道公轉一年的時間是八六五（地球）天。由於有雙太陽之故，賽波並沒有真正的黑夜。（見 Kasten,2013, op. cit., p.236 及 Posting Seven by Anonymous on 17 November, 2005，www.serpo.org）
26. Posting Two by Anonymous (4 November, 2005). www.serpo.org
27. Kasten, 2013, op. cit., pp.144-145
28. Comment 2 (by Paul McGovern)，Serpo releases 1-21, op. cit.
29. Kasten, 2013, op. cit., p.191

第⑥章

賽波星上的傳奇生活：科學家看到完全跟地球不一樣的世界

6.1 與埃本人的衝突

埃本人的首領是一個大個子，從態度上看他比其他埃本人更積極，他曾向團隊要求過許多東西，團隊均能滿足其大部份要求，除了有一件令大家無法理解，他要求團隊每位成員能提供一些血液樣品。Ebe2 解釋說，為了要向團隊成員提供未來可能須要的優良藥品，血液樣品的提供是必須的。七〇〇與七五四懷疑，血液樣品的提供可能是為了其他目的。這樣的懷疑是出於埃本人在未經同意下，取走了三〇八的所有血液。

眾人說話之際，首領突然出現，隊長向他解釋，團隊提出領回三〇八屍體的要求，但首領回答，屍體已經貯藏起來，無法取出。團隊不信，遂由六個埃本人陪同著十一個隊員，一起走進一棟建物內，但卻無法打開任何一個箱子。事實上隊員確實發現了貯放三〇八屍體的箱子，隊長想派八九九回頭取一些炸藥來打開箱子，不料 Ebe2 與首領卻突然同時出現。Ebe2 懇求大家先等一下，她去跟首領溝通。不久她回覆說，首領要隊員到另一個地點與一個埃本醫生談三〇八屍體情形。隊長說，他要留下八九九與七五四在此以防衛三〇八屍體，因而只帶著其餘的人員去見醫生，但首領透過 Ebe2 說，他要團隊所有成員都去見醫生。

隊長見此情形，心想此事必不能善了，他告訴五一八及四二〇，回頭去取手槍並儘快回來。[1] 當 Ebe2 聽到此話，她告訴隊長請再等等，隨即她將其手放在隊長的胸口上。隊長告訴她，請再轉告首領自己的要求。Ebe2 與首領經過一番交談後，這次首領說他將帶醫生來此與團隊討論，Ebe2 特別懇求隊長不要派人去取槍。她說，解決此事不須用到槍。隊長說，他不會派人去取槍，但將不會離開此地，除非看到三〇八屍體。

首領於是向其腰帶上的小盒子動了點手腳，似乎在聯絡醫生。二十分鐘後有三個埃本人出現在建築物內，其中一個埃本人自稱是醫生，他說了一口非常好的英語，幾乎像人類般的語調，但沒有 Ebe1 或 Ebe2 般的高亢音調。醫生說三〇八屍體並不在箱子內，同時他們已用三〇八的身體進行無性生殖，創造了一種克隆人。隊長聽到此，打斷了醫生的話並嚴肅地說，隊員的身體是屬於地球上美國的財產，並不屬於埃本人。且說，他從未授權對三〇八身體進行任何的實驗。而且人類認為他們死後身體是宗教的，這意思是他們死後由牧師或神父唸頌經文，讓其靈魂升天。

隊長堅持必須看到三〇八身體，但醫生說身體不見了。他說所有的血液和身體器官已被取出，已被用來克隆其他生物。八九九在旁聽了極為生氣，他用髒話罵醫生，隊長命令八九九稍安勿躁，並令二〇三帶八九九離開現場，以避免進一步衝突。隊長見埃本人生米已煮成熟飯，此時再往前追究，除了讓事情演變成不可收拾外，沒有任何其他的幫助。如果雙方真產生衝突，己方只有十一個人，且僅有長短槍，很可能在一開始即落敗。因此，隊長願意把此事就此打住，起碼雙方還能維持一種合諧關係。

Ebe2 看起來很沮喪，她告訴隊長，每一個人都應彼此善待對方。隊長此時見勢收場，他告訴首領說，他對三〇八剩餘的身體與實驗不再進行干涉。醫生則說，對三〇八剩餘的身體不會再做進一步的實驗，也說剩下的東西很少。Ebe2 則告訴隊長說，首領因客人心情沮喪，自己也感到沮喪。首領也承諾，對三〇八的身體不會再做任何實驗。

以上三〇八的事件中，一件令人震驚的事情是：埃本人竟認為，三〇八的身體是他們進行雜交實驗的絕佳選擇，只能說這是埃本人的奇異文化。[2]

6.2 賽波星上的「生物實驗室」

Ebe2 來到小屋，隊長告訴她，七五四與七〇〇（兩位醫生）將去檢視三〇八身體到底剩下了什麼，他們也將對三〇八身體所做的實驗進行研究。Ebe2 為此跑去徵求首領的同意。八十分鐘後她返回說，首領同意隊長的人馬去造訪實驗室，隊長說他決定自己也要一起去造訪實驗室。因此，Ebe2 護送著隊長（一〇二）、七五四及七〇〇等三人同赴實驗室。

一行人搭乘直升機往北方飛，花了一些時間後到達一座大建築物內，該建築物看起來像是一棟大型的單層無窗學校。直升機在屋頂著陸，眾人沿著一坡道走下去（這行星的建築物並無任何梯子），到達了一個有白色牆壁的房間，然後又步行通過一條走廊，到達另一個更大的房間。在那裡三人遇到了那位會說英語的醫生。同時也看到許多別的埃本人，每人都穿著一件藍色的連身制服，醫生說所有的實驗都在此建築物內進行，他們的工作是去創造克隆生物。

醫生引導眾人到另一有著許多捲狀容器的房間，容器的形狀看起來像玻璃浴缸，每個浴缸內都擺放著屍體。這些形狀怪異的屍體並非人類屍體，三人沿著浴缸的空間走，望著這些可怕的生物屍體，有些像豪豬、有些長著大頭，一對深深的大眼睛，沒有耳朵，有嘴巴但沒有牙齒，約五呎高，有兩條小腿但沒有腳，有兩隻手臂，但似乎沒有任何肘部，有手但沒有手指，總之看起來活像個怪物。這些屍體的身體內部似乎有一條通向浴缸的管子，管子延伸到浴缸下面的盒子。[3]

另一個生物屍體則是四不像，無法形容它像什麼。它有血紅色的皮膚，身體中間有兩個斑點，也許是眼睛，沒有手臂或腿，身上發出非常奇怪的氣味，皮膚似乎有班班鱗片，整體樣子像一條魚。另一個生物樣子像人類，但皮膚是白色且起皺，有一顆大頭與兩眼及嘴巴，頸子非常小，頭部看起來幾乎像是安置在下部軀幹上。胸薄，有大塊的骨頭狀突起。雙手手臂捲曲，但沒有姆指，腿及腳捲曲，且只有三個腳趾。

隊長問醫生，浴缸內的生物是什麼類型？它們來到此星球時是活的還是死的？醫生說這些生物是來自其他星球，它們到此星球時還是活的。七〇〇又問，這些生物是否未得其本身允許即被帶到這裡？醫生說這些生物並非智慧生物，它們被帶到這裡是為了做實驗。Ebe2 補充說這些是動物。隊長又問，此建築物內是否有智慧生物？醫生說有，但他們在到達賽波時已死亡。七〇〇要求去看這些生物。

三人走過另一個長廊，通過一間大房間，順著坡道走進另一個有許多床的大房間，每一張床皆躺著疑似是生重病或像是瀕臨死亡的智慧生物。醫生告訴三人，每一個生物都是活的，且受到良好照顧。七〇〇問，他們是否是先前提到的克隆生物（或「人」）？醫生說是的，每個生物都在成長中。七五四問，這些智慧生物是否像植物一樣生長？醫生說，這是一個好的比喻。七〇〇問，他們是如何生長的？醫生說，其他生物的某些組織將被用來培養這些生物。

醫生無法用英語解釋該過程，因為他不知道這些相關的單詞。七〇〇接著轉頭問 Ebe2，她是否能解釋成長過程。Ebe2 說她不知道英語單詞，同時，血液和其他容器的一部份物質，已被用來並放置在這些生物體內的物質相混合。隊長告訴七〇〇，回頭去把四二〇（語言學家）找來。當三人在等四二〇時，眼睛不期然地看著這些生物，發現他們正在呼吸，他們大部份看起來像人類（按：

這並不表示這些像人類的生物是來自地球，他們也有可能來自其他星系）。末端的兩個生物看起來像是有著一顆狗頭的人類，這些生物尚未醒來，他們可能不是正在睡覺就是被下藥。

不久，四二〇來了。隊長要求四二〇是否可以將埃本人培養這些生物方法的語言翻譯成英語。四二〇用 Ebe2 的語言與 Ebe2 交談後說道，成長過程涉及從其他生物中取出細胞，使其成長並與化學物質混合，再將它們植入到這些生物體內。Ebe2 告訴隊長，一些東西是從細胞核內取出的。

七〇〇和七五四問，從細胞內部取出的東西是否即是細胞膜或一些識別細胞的標記。Ebe2 翻譯後轉問醫生，兩人似乎都感困惑，他們因為不知道英語單詞，故無法解釋該成長過程。隊長問七五四，是否他能了解醫生一伙人在幹什麼。七五四說，人類細胞核包含較小的物質，這可以識別細胞膜的結構（按：這就是現代生物學家所稱的 DNA）。但他並不認為地球技術可以用來將活細胞培養成埃本人所達到的成果。埃本人一定找到了一種方法來培養細胞，並使它們成為活的生物。

隊長接著問醫生，三〇八的身體是否已被用來創造（即進行無性繁殖）出一個新生物？醫生說是的，並向在場團隊展示該生物。隊長與七〇〇及七五四皆大吃一驚，這個用隊友的血液及細胞克隆出來的生物，看上去就像一個大號埃本人，只是手和腳與人類相似。他們如何能將此活體培養得如此迅速？顯然這已遠遠超出我們的智力。[4]

至此，隊長想知道或想看的事情已完全如願了，一行人遂向醫生告辭。Ebe2 知道隊長很沮喪，於是窩心地摸摸他的手。隊長一面走一面想，埃本人不是早先大家認為具有人文文明的外星種族，但埃本人卻沒有任何隱藏，他們不像人類，知道如何去撒謊。顯然，埃本人與灰人具有同樣能力，自一九五〇年代末以來，他們就一直在諸如新墨西哥州道西的地下實驗室進行基因工程計劃，並因此引起了許多後續故事。

馬克・理查茲上尉在二〇〇一年冬季的技術簡介中，提到道西地下基地第六層有多臂多腿的人，籠子和大桶內有高至七呎的類人動物與蝙蝠狀生物。外星人從遺傳學學到了很多東西，既有用又令人恐懼，其大部份的學習都是以犧牲人類的痛苦和生命為代價的。[5]布拉德・史密斯（Brad Smith）則說，阿丘萊塔台地（Archuleta Mesa）地下的設施，是一個絕密的生物遺傳實驗室。他們（按：指美國軍方與外星人的聯合實驗室）在那裡進行人類克隆，製造出各種令人髮指的怪物。那裡的確有人體組織漂浮在充滿液體的桶內（正如被綁架至地下基地的克里斯塔・蒂爾頓，Christa Tilton 所描述）。外星人並非用它們做食物，它們是生長介質中的克隆肢體，已準備好進行實驗性的植入。可以說，地球上存在的技術總是比人類意識到的技術領先五十年。一九七九年他們破解了DNA密碼，能夠將牛眼DNA植入到經過篡改的人卵，製造出棕色的外星人大眼睛。[6]

根據隊長的日誌所載，埃本人正在透過克隆方式進行雜交育種，產生其他種族的外星人，他們也利用同樣的克隆技術創造出各種奇形怪狀的動物，這種事情的解釋若從 DIA-6 成員之一提供的訊息去理解可能更為清楚。[7]他說，每個外星人群體與埃本人種族之間存在兩個共同環節；第一個共同環節是埃本人發現了每個群體，為了他們文明的延續，將利用其他種族來克隆（或改善）其群體，例如上文提到的大號埃本人，它是利用人類的器官及DNA與埃本人或其他灰人族類的類似部位結合而成的克隆人。基本上，埃本人利用每個外星群體的DNA來創造其他種族的外星人或改善其自身種族，例如埃本人利用轉基因技術創造了跨柔人（Quadloids）與大鼻子灰人的阿奇科人（Archquloids）。

第二個共同環節是DNA。每個外星人團體都有相同與確切的（same exact）DNA，而這更證實了埃本人克隆了其他種族的外星人。在S—2設施的第二層，居住著JROD和其他外星人（如阿奇科人），他們都是埃本人根據以上方式創建的克隆外星人。其中阿奇科人被美國政府命名為克隆生物實體一號（Cloned Biological Entity-1，簡稱CBE-1）。「阿奇科人」一詞是由五十一區科學家命名的，他們對每個不同的外星種族進行分類，埃本人給美國政府地球上五類外星人的訊息，後者再對每個種族開發了新名稱。[8]

6.3 「水晶矩形」：賽波星上的能源裝置

團隊在賽波南北半球到處走動，考察其水文、地質、生態、氣候與動植物等各種情況，團隊使用的地面運輸工具類似於直升機，其動力系統是一個密封的能源裝置，作為飛船提供電力和起飛動力。由於操作簡單，團隊中的飛行員在數天內就學會使用該系統。埃本人也使用車輛，但車輛是漂浮在地面上，沒有任何輪胎或車輪，可以想像其車輛的推進系統可能涉及反重力技術。「匿名」對埃本人的能源裝置描述如下：

埃本人開發了一種不同類型的電力和推進系統，他們能夠利用真空，並從真空中取出大量能量。團隊的居住區由幾座小建築物構成，並由一個小盒子供電，這個小盒子提供了團隊需要的所有電力。團隊反覆分析了埃本人的能源裝備，由於無法使用科學顯微鏡或其他測量裝備，故無法理解能源裝置的功能。然而不管團隊用電需求多寡，埃本人能量裝置都能提供適當的電流和功率。團隊推測，該設備具有某種調節器，可以感應使用者所需的電流／瓦特數，然後再提供所需的特定能量。（團隊成員後來帶回了兩個能量裝置以供分析）

團隊在賽波使用「水晶矩形」（Crystal Rectangle, 簡稱 CR）作為所有電氣設備的電源。事實上，早在一九四七年洛斯阿拉莫斯國家實驗室便擁有了埃本人的其中一種能源裝置（the Energy Device, 簡稱 ED），它是從羅斯威爾墜毀飛船中回收的，當時沒有人知道它是什麼。

軍方人員除了找到能源裝置外，還找到一個醫療套件，其內裝有小注射管。Ebe1 無法知道每個物品的用途，但他解釋說這些物品是處理受傷用的。科學家進行了實驗，確定每個試管中都含有化學物質。由於不知道它們的用途是什麼，且擔心使用後有後患，故不敢貿然使用該注射劑於受傷的 Ebe1 身上。Ebe1 身體恢復較理想之後，他教洛斯阿拉莫斯科學家如何利用飛船上的通訊設備與能源裝置（此裝置是為通訊設備供電用）與賽波母星聯繫。[9]

關於一九四七年新墨西哥州羅斯威爾飛船的墜毀，由於有FBI的新資料加入，[10]使得事件的輪廓更為明朗，該事件涉及埃本人的時間裝置（the Time Device）與能源裝置。原來一九四七年羅斯威爾飛船有兩個墜毀場址，其中一個位在科羅納（Corona）西南方十哩處，另一個位在羅斯威爾北方四十哩處，事件疑似是兩艘外星飛船的互撞。美國空軍（USAF）比較羅斯威爾與科羅納這兩處的殘骸，確定它們是屬於同一艘飛船，而非兩艘飛船，墜毀日期約在一九四七年六月十二日至七月一日之間。後來軍方使用一九五七年發現的殘骸，完全重建了外星人飛船。

除了以上兩地點，另有一個墜毀地點位在新墨西哥州西部聖奧古斯丁平原（Plains of San Agustin）以南的蕭山（Shaw Mountain）附近，這個遺址是由一些牧場主於一九四九年發現的。第二艘外星飛船雖然受到嚴重破壞，但除了一些散落於墜機處一哩以內的小碎片，其他仍然保持完整的一艘。遺體雖然遭嚴重分解，但美國空軍和武裝部隊病理研究所仍能確定，前一艘（羅斯威爾與科羅納遺址）與第二艘飛船（蕭山遺址）的外星人遺體都是來自同一外星種族，屬於非地球人類，但以呼吸空氣的生命形式存活。[11]

一九九五年洛斯阿拉莫斯實驗室在一份高度機密的文件中報導說，前述兩艘墜毀的外星飛船都找到了我們的科學家能夠將其轉化為我們時間段的「時間裝置」。直到此時羅斯威爾飛船中發現的裝置才知道是時間裝置。洛斯阿拉莫斯的科學家使用一台超級電腦對該設備進行分析，發現該設備上的顯示是一段記錄著飛船正要墜毀之前的時間片段。飛船內也發現外星人的能源設備（USG代號：水晶矩形）。他們可以開啟時間裝置，並以埃本人語言查看不同的顯示或讀數。根據當時他們對埃本人語言的掌握，他們能夠確定埃本人日曆下固定日期的每一個時間顯示序列。

洛斯阿拉莫斯科學家用超級電腦及花了兩個多月的時間，將埃本人日曆的時間框架（time frame）翻譯為羅馬日期的時間框架，之後他們確定了羅斯威爾墜機事故發生在一九四七年六月中旬。下一步他們就可以翻譯第二艘墜毀飛船的時間裝置，他們確定第二艘外星飛船與第一艘外星飛船是在相同的日期墜毀。基於這個推論，他們的理論是兩艘飛船在同一天於新墨西哥州的沙漠上空相撞，第二艘飛船在墜毀前飛了一段較長距離。

有趣的是，若無能源裝置，這兩艘回收飛船內的設備均無法開啟。洛斯阿拉莫斯實驗室的電氣系統，並無法使這兩艘飛船內的電氣設備運作。儘管無法確定確切的時間和日期，但軍方科學家確實確定了，從外星人記錄到的資訊到時間裝置停擺的飛船墜毀時間點的時間框架。

自從一九五六年以來，科學家針對該能源裝置進行了多次實驗，大多數實驗是由洛斯阿拉莫斯或能源部的承包商進行的。直到一九七〇年，軍方科學家才終於知道那是某種能源裝置，但是卻無法理解其工作原理。然後當賽波團隊於一九七八年將其中兩個裝置帶返地球，洛斯阿拉莫斯實驗室便開始認真的進行實驗，以了解其功能，並嘗試複製該技術，該裝置被命名為「水晶矩形」（CR），又稱「魔方」（The Magic Cube）或「粒子真空增強能源裝置」（Particle Vacuum Enhanced Energy Device, 簡稱 PVEED）。（見照片6-1）

「魔方」的奇妙處是，每當向該裝置發出電氣需求時，裝置中就會看到一個會移動的小點，經過多年的試驗和研究（目前仍在進行中），確定該點是帶電的反物質完美圓狀顆粒。據「匿名」對羅斯威爾墜毀現場埃本人能源裝置的說明：[12]

大小尺寸：9吋×11吋×1.5吋
（22.9公分×27.9公分×3.8公分）
重量：26.7盎司（757克）

另據CR的更新資料，能源部可能擁有兩個CR，其大小尺寸26公分×17公分×2.5公分，其中一個重量七二八克，另一個是六六八克[13]（按：這兩個CR可能是賽波團隊於一九七八年返航時帶回地球的）。能源裝置（ED）呈透明狀，且由類似於硬質塑料的材料製成，其左下方有一塊小的方形金屬板，可能是一塊芯片，這是一個連接器點。在右下角有另一個小的方形金屬點，這是第二個連接器點。

照片（6-1）　在飛碟圈中，水晶矩形（CR）因其驚人的特性和能力而被稱為「魔方」；CR於一九四七年在羅斯威爾墜機現場被發現，但直到一九七八年我們的科學家才確定它是一種為埃本飛船提供電力的高功率能源設備，然後直到一九八二年它才實際被測試成功可產生能量。
http://www.serpo.org/release36.php

在電子顯微鏡下觀察，ED包含一些小的圓形氣泡，氣泡中有極細的小顆粒（反物質圓狀顆粒）。當對 ED 施加電力需求時，粒子總是開始以很高的速度順時針轉動，並產生能量，這是無法理解的。氣泡周圍存在某種類型無法鑑別的流體，當對 ED 提出需求時，該流體會從清澈的顏色轉變成朦朧的粉紅色，流體在華氏一〇二～一一五度之間變暖。即使熱量流向 ED，但氣泡的溫度仍然維持在七十二度的恆溫，氣泡不會加熱，只能加熱流體，這種情況難以解釋如何發生？ED 的邊界包含細小（微米級）金屬絲，當對 ED 提出需求時，金屬絲尺寸會增加，這種擴展過程取決於對 ED 的需求量。經過對 ED 廣泛與詳盡的實驗之後，ED 可以對 0.5 瓦燈泡到整個房屋的所有設備供電。[14]

CR 將自動檢測需求量，然後輸出該確切數量的電能，它可以處理磁場設備以外的所有電氣設備。不知為何，洛斯阿拉莫斯實驗室的磁場會干擾 CR 的輸出需求，但是他們已經開發出屏蔽方法來修正此問題。自一九五六年以來，許多實驗都是針對 CR 進行的，大多數實驗是由洛斯阿洛莫斯或能源部的承包商進行的。科學家發現 CR 是由未知材料製成，具有各種未知元素，其中一種材料與碳相似，但與我們所知的碳並不完全相同。另一種物質與鋅相似，但與鋅並無一致性。

Pentagen（Hydrogen-5）是加劇 CR 內部能量過程的物質，它可說是一種外星能源，加劇 CR 內部的能量處理過程，至尊十二有一份文件透露，美國軍方在羅斯威爾幽浮墜毀事件中發現該能源（文件影本見[15]）。CR 內部的 Pentagen 不具有放射性，不會衰變。但一般的 Pentagen 是氫的第五種同位素，具有半衰期 0.34222 秒的放射性，若使用複雜的收容和存儲系統，可以延長 Pentagen 的收集時間。[16]

美國如何製造 Pentagen 的過程？它們大部分是絕密的，目前已知的是在氚的製造過程中發現了迅速消失的 Pentagen，因此可以設法在製造氚的過程中捕捉到 Pentage。首先，氚（Tritium, 其元素符號是 ^{3}H，也稱超重氫，因為有 β 衰變，所以有放射性，半衰期為十二點四三年，它是一種罕見的放射性氫同位素。氚的原子核包含一個質子和兩個中子。）是通過捕獲氦氣中的中子製成的。為了提供中子，質子在直線加速器中被激發並用於轟擊由鎢和鉛製成的重金屬目標，在稱為散裂（spallation）的過程中產生中子。由此產生的中子通過與鉛和水的碰撞而被減速（減慢），從而提高了它們在流過目標的氦氣中捕獲以製造氚的效率，再從氣體中連續提取氚，為庫存提供供應量。

在製造氚時，美國研究人員發現另一種同位素（即 Pentagen）在此過程中很快消失掉。事實上，人們發現了幾種從鎢金屬上反彈的同位素。因此，美國研究人員開始了一項計劃，試圖捕獲這些難以捉摸的同位素。在內華達試驗場建造了一個秘密實驗室。這實驗室被稱為「長矛」（The Lance）。

「長矛」的封面故事是它包含一個實驗性的化學生產加速器。「長矛」氚（也包括 Pentagen）生產設施包含一個注射器、加速器、收容大樓、收集裝置和一個儲存容器。二〇〇二年九月，美國每升氦氣收集了五十三點五皮庫（picocuries）的 Pentagen。一旦需要 Pentagen，則從氦中提取 Pentagen，這個過程是保密的。

長矛設施是由來自洛斯阿拉莫斯、布魯克海文（Brookhaven）、利弗莫爾（Livermore）、桑迪亞（Sandia）和薩凡納河工廠（Savannah River Plant）的科學家聯合運營。一家名為通用原子（General Atomics）的公司建造了長矛設施，而鷹系統（Eagle Systems）是主要承包商。美國於一九七七年在洛斯阿拉莫斯首次測試了 Pentagen 的實驗。

美國科學家發現 Pentagen 是在水星上自然產生的元素。在水星低層的大氣中可以檢測到 Pentagen 蒸氣。二〇〇六年，NASA 開始計劃向水星發射探測器以收集 Pengaten。洛斯阿拉莫斯創建了一個名為 Pindall 的秘密項目，以便為太空探測器構建這種特殊的收集方法。

還有一項實驗使用 Pentagen 來增強電氣變壓器內部的能量輸出。桑迪亞實驗室目前正在進行這項實驗，該實驗正在技術區III中進行。[17]

科學家無法解釋反物質的作用以及中子的作用，這些中子在需求增加時被產生，之後又消失。一些科學家認為，CR 是受遠程操縱的，也許是由地球軌道上的一顆未知衛星操縱的，但即使受屏蔽，也可以正常運作。當對 CR 放置能量需求時，它會產生一個信號，該信號可以在 23.450 MHZ 處測量到。當 CR 的需求增加時，頻率將從 23.450 MHZ 調整為兩倍 46.900 MHZ。當需求減少時，頻率下降到 1.25 KHZ，這是 CR 沒有需求的恆定頻率。不管 CR 有多大的功率要求，頻率都永遠不會上升到 46.900 MHZ 以上。[18]

CR 邊界包含微米級金屬絲，該導線類似於鎢。藉著將中子從金屬絲上彈起並返回到流體中，這些導線以某種方式傳導能量。當在CR上放置能量需求時，小點在金屬絲上反彈，此時只有某些金屬絲會做出反應或膨脹。美國政府在二〇〇一年製造了一個在短時間內確實有效的複製品，其操作列為極端機密，該設備在內華達州測試場（NTS）爆炸，當時有兩名員工受傷。CR出現在地球的時間表如下：[19]

1. 一九四七──在羅斯威爾空難現場發現了CR。
2. 一九四九──洛斯阿拉莫斯的科學家首次進行了CR實驗，此時無人知道它是什麼。
3. 一九五四──桑迪亞實驗室（Sandia Labs）對CR進行了多次實驗，但仍不知道其實際用途。
4. 一九五五──CR借給西屋公司進行實驗。
5. 一九五八──CR借給康寧玻璃公司（Corning Glass）以決定其建構材料的組成。
6. 一九六二──CR的第一次「官方」測試在洛斯阿拉莫斯進行，其結果發表於機密報告中。
7. 一九七〇──CR確定並非僅是一個「窗口」（window），科學家們確定這是某種能源設備。
8. 一九七八──CR確定為是向埃本人航天器提供電力的大功率能源裝置。
9. 一九八二──CR經過首次測試，並成功產生能量。
10. 一九八七──CR授予E-Systems，以進行廣泛測試。
11. 一九九〇──CR證明是不受限制的電力系統，它的結構和內容總算被了解，但還是沒有人知道它是如何運作的。

12. 一九九八——CR 項目“Magic Cube”開始啟動，旨在加速增進對該設備的知識。

13. 二〇〇一——CR 項目“Magic Cube”被從洛斯阿拉莫斯的期貨部（Futures Division）轉移到其「特殊項目——K部份」部門。截至二〇〇二年九月，CR 被包含在洛斯阿拉莫斯國家實驗室的K部份部門設施中。

6.4 道別賽波星

一九七八年八月十八日團隊回到了地球，但並非全部人都回來，只有七人回來，這比原先預定的一九七五年返回日期整整晚了三年。（按：團隊於一九六五年七月動身離開地球）為何團隊會在賽波多待三年及為何會有五名團員沒有隨團返回？在解釋這個問題之前先得說明一些團員在賽波的不幸遭遇。

在團隊抵達賽波的三年（地球年）之後，隊長在一次宴席後的一篇日誌中提到，八九九（安全人員）與七五四（醫生#2）的情況。據日誌記載，八九九的身體硬朗得像一塊石頭，他未曾生過病（即使是感冒），而七〇〇與七五四則負責每個團隊成員的健康狀況及保管其詳細醫療記錄，可以說此階段每個人都處於良好狀態。

然而就在隊長寫完這篇日誌不久後，他提到的這兩名成員（八九九與七五四）竟然死亡。首先死的是八九九，兩位醫生隊員驗了屍體，並確定屍體上的傷痕與意外跌倒一致。經隊長同意後，埃本人醫生將八九九運到埃本人醫院，重新檢驗與搶救，但仍然回天乏術，最後由一位團員權充牧師，為八九九行最後宗教儀式後進行土葬。

第二次死亡事件也發生在隊長參加完上次宴席後不久，這次死的是一名醫生（七五四），他死於肺炎。他在日記中曾提到，宴席結束後 Ebe2 首先留意到七五四生病，她很關心他的病情。因此另一位醫生用青黴素（penicillian）治療七五四，最初治療有效，但最終還是死了。在賽波死亡的這兩人被安置於棺材內埋葬，他倆的遺體後來於一九七八年隨其餘團員返回地球。

除了以上兩名團員在賽波死亡外，另一位（三〇八）早在動身不久即病死於旅途中，另有兩位團員則決定自願留在賽波，度過其餘生。他倆愛上了埃本族的文化和賽波星球，同時重要的是，他倆沒有被命令返回。美國軍方與他倆的通訊一直持續到一九八八年左右，之後就再也沒有收到他倆的消息。

至於為何團隊會比原先預定的十年停留期多待三年在賽波？首先他們帶到賽波的時間裝置（如鐘錶）在一段時間後即不再生效，他們竭力地將賽波的時間轉化為地球的時間。在轉化時他們換算為：

1 賽波天 = 43 地球小時

1 賽波月 = 54.11 地球天

但可惜此後有一段時間他們未能持續性地保持此規則，自此之後就無法適當地重新安置（reset）

其時間轉換結果，以致在賽波多待了三年。從一九七八年到一九八四年，這七名返回者被隔離在各種軍事設施中，空軍特別調查辦公室（AFOSI）負責他們的安全性，該機構還與返回者進行了一整年的匯報。據匿名II宣稱：

「我們（指DIA）確實有一個專門的部門來處理他們的匯報，但是美國空軍的情報人員也參與其中，我從未參與過該計劃，但我知道其他參與人員。」[20]

一般的共識是，返回的團隊經過為期一年的匯報，他們透露出來的資訊包含在一份三千頁的文檔中。匿名聲稱他可以審閱文檔，並擁有從該文檔中提交給 www.serpo.org 電子郵件主持人維克多．馬丁內斯（Victor Martinez）的所有信息。以上三千頁的文檔，其內容後來被融入在紅皮書（The Red Book）中，這本書非常厚實及詳盡，記載著美國政府從一九四七年迄今與外星人接觸的完整歷史，主要是美國政府針對不明飛行物調查的詳細摘要撰寫與編輯。這本橙棕色的書內容每五年更新一次，其中還包括一些來自黃皮書（The Yellow Book）的交叉信息。[21]

據匿名自稱，他曾擔任紅皮書多個版本撰寫的編輯，他將自己和其他人對任何趨勢、目擊類型與外星實體（ETE）的人際交往，以及任何我們政府或星球關心的國家安全問題，撰寫成《執行摘要》，並將它交付給幾位現任美國總統。[22]

第一卷紅皮書始於一九四七年，上一卷始於二〇〇五年。七名返回隊員帶回了五四一九盒包含個人語音記錄的錄音帶，每盒錄音帶長九十分鐘，所有這些錄音帶皆被製成為隊員日誌（Crew

Logs），後來卡爾・薩根（Carl Sagan）的最後報告撰寫應會參考這些隊員日誌。[23]此外還有值得一提的是，匿名提到有八人返回地球，而最後一人在二〇〇二年死於佛羅里達州。[24]顯然，他得到的信息與事實有些出入。

以上這段資訊有些落差，首先是七人返回地球，而非八人。而最後一位殘存者「英雄先生」是死於二〇一四年十二月十一日，並非二〇〇二年。正如匿名I在二〇〇五年十二月三日（星期六）給維克多的電子郵件中提到的，他不讓任何人知道賽波訪問計劃有一位殘存者，這可能是原因之一，使得匿名在給維克多的原始電子郵件中說，最後一人死於二〇〇二年。另一個可能原因是匿名可能在二〇一四年之前即已退休，使他無法得知英雄先生的近況。[25]

賽波計劃的最後報告寫於一九八〇年，由卡爾・薩根博士完成，他同時也是報告簽署人之一。最終報告與匯報書及所有其他與賽波相關的文件、錄音和照片都被保存在位於華盛頓特區波靈空軍基地（Bolling AFB）DIA總部的保險庫中，這份資料的聯邦文件編號，據長期網路會員真名吉恩・萊克斯（Gene Lakes）的吉恩・洛斯科夫斯基（Gene Loscowski）說，是80HQD893-20。維克多・馬丁內斯確認了這個號碼，他聲稱該號碼與從匿名那裡得知的號碼相同。而聯邦文件編號之所以重要的原因是，它可以協助將來的歷史學家透過《信息自由法》（*Freedom of Information Act*）來獲取這些資料。[26]

一九八五年薩根撰寫了暢銷小說《接觸》（*CONTACT*），據說該書是根據人類歷史上最神秘計劃的內幕進行撰寫，該計劃是薩根在最後報告中簽名的人類與外星人的交流計劃。

關於賽波計劃的相片。匿名說他們正在努力獲取賽波團隊成員拍攝的四張照片（團隊總共帶回三千張照片），他準備將它們掃瞄於其電腦中，然後通過電子郵件發送給維克多，再由維克多發送給比爾・瑞安（Bill Ryan），使其含括在賽波網站中。其中一張照片是整個團隊站在一間埃本房子旁，而背景中則站著幾個埃本人。另一張照片是該團隊在賽波北部的新家。第三張照片顯示了北部的埃本村莊，第四張照片是一群埃本人在玩他們的「足球」。[27]

維克多說，他在二〇〇六年三月與情報官員私下會面時，曾看到包含以上四張照片在內的總共五張照片，他僅有二十分鐘的時間，但不能保有或複製這些照片。匿名的承諾最終無法兌現，他最終寄了一盒包含六張照片圖像的電腦磁盤給馬丁內斯，但其中有五張遭到破壞，最後只有一張有問題的照片得以保存，這張殘存的照片就是同時出現兩個太陽的「日落」照片。（見照片6-2）

照片（6-2）　在一九六五年七月至一九七八年八月期間，當十一名團隊成員在賽波（Serpo）行星上的十三年中，在接近日落時，雙星可能如何出現在成員面前的景象 。

http://www.serpo.org/release36.php

埃本人訪問地球的次數不僅限於一九六四年與一九六五年兩次，據匿名的信息，他們的造訪曾發生在以下的日期或將發生：[28]

	訪問日期	訪問地點
一九七八	8／18（Friday）	：NTS——賽波團隊返回
一九八三	4／28（Thursday）	：NTS
一九九一	4／7（Sunday）	：NTS
一九九六	10／22（Tuesday）	：NTS
一九九九	11／28（Sunday）	：NTS
二〇〇一	11／14（Wednesday）	：NTS
二〇〇九	11／12（Thursday）	：在遙遠的美國領土——約翰斯頓環礁（Johnston Atoll）的AKAU島上。
二〇一〇	11／11（Thursday）	：NTS
二〇一二	11月	：尚未知

二〇〇九年十一月十二日埃本人在AKAU島上的造訪時間是十二小時（美國當地軍事時間為早上六點~晚上六點）。約翰斯頓環礁是一個五十平方哩的環礁，是全世界最孤立的環礁之一，位於檀香山西南約七五〇哩的太平洋中北部，正確位置是在北緯16°45'和西徑169°30'，位在珊瑚礁

平台上。該環礁有四個島，兩個是自然島（約翰斯頓島和沙島），另兩個是人工島，分別是北島（AKAU）和東島（HIKINA）。約翰斯頓環礁的防禦是由美國軍方負責，沒有任何一個其所屬島嶼是對外開放的。

會議當天參加的代表來自梵蒂岡、聯合國、美國、中國、俄羅斯聯邦及十八名受邀的特別賓客。其中美國的代表包括來自歐巴馬政府的白宮代表、情報界代表、軍方代表及語言學家。人類與埃本人互相交換禮物，埃本人提供人類六個禮物，將有助於人類未來的科學發展。梵蒂岡則贈送埃本人兩件十二世紀的宗教主題繪畫。[29]

除了埃本人訪問美國之外，據匿名透露，他們確實擁有一些從五五〇光年之遙的安塔爾（Antares）星系到我們太陽系旅行的外星人信息，這些信息是他從八〇年代的簡報手冊讀到。他認為軍方是從 Ebe2 了解到這些外星人。[30]

據 Exopaedia.org 網站資訊，安塔爾是天蠍座（Constellation of Scorpio）中最明亮的恆星，它是雙星。安塔爾是高維度實體（higher dimensional entities）的所在地，該實體包含有形體和無形體兩物種。在地球，有很多被稱為「星籽」（Starseeds）的人實際上是來自安塔爾或距地球三六點七光年的大角星（Arcturus）。[31]

註解

1. 手槍是團隊動身到賽波時所帶的裝備。當初準備帶武器到賽波時，美國軍方與埃本人有過一番冗長討論，最後，埃本人表示，他們並不真正在乎這些東西，故團隊成員決定帶一些武器過去，以備不時之需。猜測，他們並非準備與埃本人對戰，但只是有武器在旁會覺得較心安，畢竟所有十二名隊員都是軍事人員，他們個個都有軍階。最後他們決定每把手槍只拿五十發子彈，而每支卡賓槍只拿一百發子彈。（Kasten, Len. Secret Journey To Planet Serpo: A True Story of Interplanetary Travel, Bear & Company (Rochester, VT), 2013, p.186）

2. Ibid., p.152

3. 賽波有許多不同類型的動物，有些是奇形怪狀的大怪獸，埃本人利用它們來工作或為其他用途，但並不吃其肉。（Comment 2 by Paul McGovern. Original posting by Anonymous, November 2, 2005. www.serpo.org）

4. Kasten, Len. Secret Journey To Planet Serpo: A True Story of Interplanetary Travel, Bear & Company (Rochester, VT), 2013，pp.156-157

5. The Battle at Dulce by Captain Mark Richards, Winter 2001. https://www.bibliotecapleyades.net/offlimits/offlimits_dulce08.htm

Accessed 6/26/19

6. January 26, 1998: Brad Smith on Paul Bennewitz and Dulce, posted on November 12, 2012, AuthorOrbman
http://www.subterraneanbases.com/brad-smith-on-paul-bennewitz-and-dulce/
Accessed 6/16/19

7. Release 23: The 'Gate 3' Incident (updated) ‥ A Special Report by Victor Martinez. http://www.serpo.org/release23.php

8. Ibid.

9. MODERATOR's INTRODUCTORY NOTES FOR "Project SERPO" Release #36.
http://www.serpo.org/release36.php

10. Release 35 ‥ The FBI-Roswell UFO Crash Memo Clarified!
http://www.serpo.org/release35.php

11. Ibid.

12. Ibid.

13. Posting Nineteen by Anonymous (21 August, 2006), www.serpo.org

14. Posting Eleven by Anonymous (21 December, 2005)・www.serpo.org

15. Carlson, Gil. The Yellow Book. Blue Planet Project Book #22, Kindle Edition, 2018，p.43
16. Release #36: The UNtold Story of EBE #1 at Roswell
http://www.serpo.org/release36.php
17. Carlson, The Yellow Book, op. cit., pp.42-45
18. Ibid.
19. Posting Nineteen by Anonymous (21 August, 2006), www.serpo.org
20. Original posting by 'Anonymous', (2 November, 2005). The Serpo releases 1-21, 2 November, 2005 to 30 August, 2006.
www.serpo.org
21. Release 29-The "Yellow Book" and Universe explained (16 June 2008)
http://www.serpo.org/release29.php
22. Ibid.
23. Posting Twenty-one-a compilation (30 August, 2006), www.serpo.org
24. Original posting by 'Anonymous', (2 November, 2005). Op. cit.
25. Release #36: The UNtold Story of EBE #1 at Roswell, op. cit.
26. Kasten, 2013, op. cit., p.205

27. Posting Ten (a) by Anonymous (8 December, 2005), www.serpo.org
28. Release 32: EBENS Land on AKAU Island For 2009 Meeting!
    http://www.serpo.org/release32.php
29. Ibid.
30. Ibid.
31. http://www.exopaedia.org/Antares

參考書籍

1. Beckley, Timothy Green, Christa Tilton, Sean Casteel, Jim McCampbell, Dr. Michael E. Salla, Leslie Gunter, Bruce Walton. Underground Alien Bio Lab At Dulce: The Bennewitz UFO Papers. Global Communications (New Brunswick, NJ). 2009
2. Branton (aka Bruce Alan Walton). The Dulce Wars: Underground Alien Bases & the Battle for Planet Earth. Inner Light / Global Communications, 1999
3. Carlson, Gil. The Yellow Book. Blue Planet Project Book #22, Kindle Edition, 2018
4. Carlson, Gil. Blue Planet Project: The Encyclopedia of Alien Life Forms, Wicket Wolf Press, 2013
5. Corso, Philip J., Col (Ret.) and Birnes, William J., The Day After Roswell. Gallery Books (New York, NY), 1997
6. Dorsey III, Herbert G. Secret Science and The Secret Space Program. Hebert G. Dorset III Publishing, 2015.
7. Huyghe, Patrick. The Field Guide to Extraterrestrials-A Complete overview of alien lifeforms based on actual accounts and sightings, Avon Books (New York, NY), 1996

8. Jacobs, David M., Ph.D. The Threat-Revealing the secret alien agenda. A Fireside Book Published by Simon & Schuster (1230 Avenue of the Americas, New York, NY 10020), 1998 (First Fireside Edition 1999)
9. Kasten, Len. Secret Journey To Planet Serpo: A True Story of Interplanetary Travel, Bear & Company (Rochester, VT), 2013
10. Kasten, Len. The Secret History of Extraterrestrials: Advanced Technology and the Coming New Race. Bear & Company (Rochester, Vermont), 2010.
11. Key, E., Compiled and Edited. Presidential Briefing: Ronald Reagan & Extraterrestrial Encounters: Camp David, Maryland Briefing Transcript from Tape Recording. Kindle Edition, 2018.
12. Salla, Michael E., Ph.D., The U.S. Navy's Secret Space Program & Nordic Extraterrestrial Alliance. Exopolitics Consultants (Pahoa, HI), 2017.
13. Salla, Michael E., Ph.D., Insiders Reveal Secret Space Programs & Extraterrestrial Alliances, Exopolitics Institute(Pahoa, HI), 2015
14. Stranges, Frank E., Stranger at the Pentagon, Revised Edition, Universe Publishing (North Hollywood, California), 1991

定價:380元

《外星人研究權威的第一手資料》
呂尚(呂應鐘教授)著

外星人即將公開與人類正式對話，你準備好了嗎？

地球人注意了！外星人透過日本農民傳訊，揭示地球人該提高自己的心靈維度，拋棄自私及私慾，對他人多付出愛心的實例，你聽過嗎？在北京，外星人藉由一位女士「傳輸思想」告誡地球人要努力解決空氣汙染、環境保護與核子武器等問題，以免人類走向滅亡。

外星人的聲音，你聽到了嗎？

本書作者的第一手資料，讓地球人對外星人升起更多的好奇與探索；究竟外星人從什麼時候開始出現的？外星人出現的模樣大概是怎麼樣的形色與模式？種種的疑惑，作者用中華文化豐富的史料中，將時間軸橫跨約5000年的時間，完完整整並徹徹底底地羅列出古代不明飛行物體（幽浮）優遊於各地的紀錄。從古代經典的考究，到現今作者的眞實見證，外星人將驅動著人類探索生命的無限可能。

對於未來的「星」世紀時代，作者也呼籲地球人要能做知識的整合以因應宇宙生命的總體學問。如飛碟既然是外星高等科技的航具，對於如何製造飛碟的機械工程、材料科學、控制系統、導航系統、電子工程等是人類的必要工程基礎；而佛經中許多充滿宇宙各處生命生存的描述、充滿宇宙形成與毀壞的自然科學過程，闡明多維時空的構成與存在等議題，都是多維時空中高等生命和地球衆生的關係，因此宗教哲學、歷史學、神話研究等等領域也成爲與時俱進不可或缺的研究課題。

最後，作者期盼當今地球人能從過去「唯物科學」的表相思維邁向「宇宙生命科學」的高維思想，用「開放的心胸、前瞻的態度、包容的思維」來思考好奇的現象，方能了悟宇宙眞相。

定價:250元

《心經的宇宙生命科學：一探圓滿究竟的千古般若智》
呂尚(呂應鐘教授)著

呂教授從核子到宇宙、從物質到量子、從科學到佛學，用最容易懂的現代科學語言讓您快速體悟心經空性的智慧。歷來研究佛經的許多專家學者，大多用哲學的方法把佛經講解的十分詳盡，但本身並不一定能夠從中實際了悟無我、無相的空性智慧，所謂世人終日，口念般若，不識自性般若，猶如說食不飽。

以佛法的觀點，我們肉眼所看的世界是緣起的現象，而不是被某主宰者所創造出來的，這是佛教與其他宗教最大的不同看法。就緣起論而言，萬事萬物都不可能獨立存在，它是互爲依存的一體性。例如一個國家的存在，必須要有土地、人民、資源、立法、憲法、國會、各個機關……等等運作。一個生命體則必須有父精母血，再加上精神體的合和，一個物體則必須由原子的不同排列組合而成。

佛教講物質最小的單位「極微」。現在科學以量子纏繞理論已經證實，最小的量子也是緣起論，也就是最小的量子都不是獨立存在，它是正負同時交互作用而存在，並沒有一個眞正實體存在，而只是一種空性的能量態，而且本質上是非空非有。「光的波粒二重性」的量子理論，說明光不只是個連續波，也具有粒子的特性，光可以是波同時又是粒子，同樣「物質也具有波粒二重性」。能量與質量之間是可以互攝互入，並且也是可以互相轉換。

從宇宙生命科學的角度，這無窮的宇宙乃是由「能」而後產生「極微」，由「極微」因緣聚合而成「原子」，由「原子」而成「元素」，由同「元素」的聚合而成「分子」，同元素分子的游離，與他種元素分子因緣相遇而產生化學變化，互相結合而形成萬物。而「能」即是空性的作用。因此每個人的「起心動念」必定會產生能的作用，這也就是爲什麼要修行的道理。

定價:280元

《法華經的宇宙文明：不可思議的佛國星際之旅》
呂尚(呂應鐘教授)著

《法華經》是一部成佛之經，所謂成佛開悟即是要人類「成爲徹底了解宇宙實相（諸法實相）與生命眞相的人」，《法華經》講的是宇宙文明的實相，讀者於其中能通達了解宇宙文明的存在，以及宇宙文明的核心思想。本書融入現代宇宙科學與生命學的種種理論，希望能夠在二十一世紀呈現新貌，充分突顯釋迦牟尼佛宣說宇宙大道的現代價值。

憨山大師說：「不讀法華，不知如來救世之苦心。」《法華經》是「諸經之王」，是在談宇宙外星文明的智慧，只要了解「唯一的眞相（一乘）」，就能了解整個宇宙與整個外星文明，而能得到宇宙高等智慧的結果（佛果）。世尊於此經中心心念念要衆生開佛之見，使得清淨之心，以行菩提之路；用盡不同的方便與譬喻，唯令衆生生起本自具有的善種子而得以開花結果；也願衆生能開啓「人人皆可成佛」的信心，在道上時時用自己的一念善心來與整個宇宙共振共舞，而成爲宇宙高智慧的生命體。這正是法華經的核心思想所在。

定價:320元

《道西基地新事件1：外星人綁架華人懸案》
戴世軒 著

本書為眞人眞事改編，故事中六人集體在美國郊區失蹤，影片捕捉到外星人的綁架行徑，主人翁鄭海濤為了愛人赴湯蹈火、忠貞不渝的感情，深入道西基地內部的驚悚冒險旅程，解密道西基地內部結構與人事組成，又驚見上百種不同的外星生命樣貌，人類與外星人亦善亦惡、錯綜複雜的關係，使本書比美國政府結構工程師菲利普．施耐德（Philip Schneider）爆料的內幕更精彩。

鄭海濤與胡潔是一對戀人，他們倆人相識已久，感情非常穩定，是煞羨眾人的一對情侶。他們決定在不久的將來步入禮堂，並將時間訂在胡潔到美國參加完團建後。原本該是順順利利的一趟旅程，意外卻降臨在他們身上。誰也沒想到，胡潔一行六人竟然會在美國集體失蹤、消失在這個人間。

鄭海濤起初接到消息時還不敢置信，就算他們是去到比較人煙罕至的郊區，一行六人怎麼可能說不見就不見。但事實就是如此，胡潔等人音訊全無。無論他們怎麼深入探查，案件就僅僅停在「失蹤」兩字。

就在這令人迷失、不知所措的當口，鄭海濤該如何繼續走下一步？他又將開展怎麼樣的驚悚旅程？在道西地底下，將有如何的遭遇與面對？僅待讀者於書中各自領略了。

定價:360元

《道西基地新事件2：地底下的全面戰爭》
戴世軒 著

鄭海濤在友人的幫助下，順利從道西基地逃出。經過這次的探索，鄭海濤已身心俱疲，他已失去了太多太多，他沒有勇氣繼續尋找下去。他想放棄，只想安安穩穩地在國內過完餘生。但鄭海濤所引起的騷動與效應已擴散開來，道西基地裡的外星人不會放棄獵殺鄭海濤，只因他握有足以撼動全世界的秘密、聖喬治亞屠龍會的人也不會放棄獵殺鄭海濤、只因他想打破人類與外星人之間的和平。

鄭海濤的平靜生活屢屢被打破，甚至還差點死在自己的國土上。鄭海濤深受其擾，決定向密友尋求幫助。現在唯一擺脫外星人追殺的辦法就是扭轉角色－變成狩獵的一方，直到對方死亡。至於擺脫聖喬治亞屠龍會的方法是向他們證實外星人即將對人類不利、原有的和平誓約只是個謊言。鄭海濤夾在這兩個勢力之間，不停的來回周旋。最後，鄭海濤一行人組織了一群群的軍隊，再度邁向道西基地，探索更深層的秘密。除了拯救自己的女朋友之外，也拯救全地球的人類……

此時，地底下的戰爭，即將全面開打…

定價:360元

《失落的地球眞相 1：全息時間旅行隱藏的歷史》
拉杜·錫納馬爾（Radu Cinama）著

超時空解碼！人類重要變革的開始

拉杜·西納馬爾（Radu Cinamar）在揭露了美國和羅馬尼亞軍隊前所未有的神秘合作後一舉成名。美國和羅馬尼亞軍隊在布切吉山脈的羅馬尼亞獅身人面像下進行了一次探險，並發現了有史以來最偉大的考古發現：一個大約有50000年歷史的神秘密室，內藏著人類的全息記錄地球的歷史，生物共振成像科技，以及三條通向地心深處秘密的神秘隧道。儘管這一偉大發現圍繞著政治陰謀、混亂和限制，探險隊隊長還是讓拉杜·錫納馬爾參觀和探索了這些文物。從那以後，拉杜的生活就是一場迷宮般的冒險，充滿了奇怪的事件、秘密的連繫以及不同尋常的人事物。

本書以一種前所未有的方式深入研究古代歷史，通過先進科技的「異次元頭盔」與作者的大腦皮層和直覺的相互作用，呈現了70多幅令人驚歎的場景圖像，其結果是全息投影，解釋和說明了幾千年來發生的DNA變化，以及人類如何進化成今日的樣貌。揭示了多種外星文明如何影響及引導人類的DNA，使其進化到更高境界的奧秘。

人類歷史上的一些熱點，在過去，要麼一直不爲人所知，要麼只是從神話的角度來考慮，這些熱點包括：亞特蘭提斯，特洛伊，香巴拉，和許珀耳玻瑞亞。本書顚覆過去不確實的傳說，從全息科技的實際場景，提供豐富又準確的傳訊，結合了深奧知識和一些科學因素。特別強調物質維度和乙太維度之間的「交會點」和維度間的裂縫或入口。這部引人入勝的作品除了揭露了人類的古老歷史，更描述一個從超時空看見人類起源及其對未來的希望。

定價:299元

《失落的地球眞相 2：地球過去的星際文明時代》
拉杜．錫納馬爾(Radu Cinama)著

地球曾經是星際時代！
地球上不但曾有外星文明建造的城市，也是行星理事會的據點之一，還有外星風格的高科技建築。
這是有史以來最偉大考古發現系列，作者拉杜的最新鉅作！
與五角大廈聯盟之羅馬尼亞國家情報局極秘密的部門工作，揭露最隱密不為人知的秘辛。
本書是跨維度的全息紀錄片之第二集！

拉杜透過「跨維度頭盔」看到了地球曾經的高科技及傳說中的熱點之謎，如金字塔在乙太層面的驚人建造過程內幕與眞實作用、香巴拉所實現的精神使命、亞特蘭提斯的位置與人類DNA變化的歷史、特洛伊種種的神話，及許珀耳玻瑞亞文明終結後跨維度溝通的消逝等。

本書說明爲何當前的人類無法從物理平面（第三次元）跳到乙太平面（第四次元）。儘管香巴拉代表了靈性的參考指標，它可以提供給人類的支持，但人類不再那麼容易接近得到香巴拉，所有這些都與人類在全球層面上意識振動頻率的降低有關。一般來說，香巴拉只有在地球的一個區域或一個生物變得足夠靈性，從而與這個神聖領域的高頻振動共振時，香巴拉才會被顯露。現在是振興這些思想的時候了。

國家圖書館出版品預行編目（CIP）資料

外星生活大傳奇：美國科學家在澤塔星的所見所聞 / 廖日昇著. -- 初版. -- 新北市：大喜文化有限公司, 2022.03

面；　公分. --（星際傳訊；9）

ISBN 978-626-95202-5-1（平裝）

1.CST: 太空科學 2.CST: 外星人 3.CST: 奇聞異象

326.9　　111003184

星際傳訊 9

外星生活大傳奇

美國科學家在澤塔星的所見所聞

作　　者：廖日昇
發 行 人：梁崇明
出 版 者：大喜文化有限公司
封面設計：大千出版社
登 記 證：行政院新聞局局版台省業字第 244 號
P.O.BOX ：中和市郵政第 2-193 號信箱
發 行 處：23556 新北市中和區板南路 498 號 7 樓之 2
電　　話：02-2223-1391
傳　　真：02-2223-1077
E-Mail：joy131499@gmail.com
銀行匯款：銀行代號：050　帳號：002-120-348-27
臺灣企銀　帳戶：大喜文化有限公司
劃撥帳號：5023-2915，帳戶：大喜文化有限公司
總經銷商：聯合發行股份有限公司
地　　址：231 新北市新店區寶橋路 235 巷 6 弄 6 號 2 樓
電　　話：02-2917-8022
傳　　真：02-2915-7212
出版日期：2022 年 3 月
流 通 費：新台幣 399 元
網　　址：www.facebook.com/joy131499
I S B N：978-626-95202-5-1